大展好書　好書大展
品嘗好書　冠群可期

熱門新知 6

基因操作

海老原充／監修
富永裕久
八色祐次／著
施聖茹／譯

品冠文化出版社

前言

「解讀基因組序列已經大致完成了。」

這是二〇〇〇年六月時所發表的聲明，可謂二十世紀最偉大且是最後科學的豐功偉業。二十一世紀是基因組時間，不只是科學家，相信大部分的人都對此印象深刻。這項聲明會讓人提出「何謂基因組」及「和人類的生活有什麼關係」等的問題。這也是特別值得探討的問題。

昔日的科學進步多半屬於被動且是事後承諾，一般人很難理解。然而，「解讀基因組序列」則是在應用前讓人了解，藉此取得各方的意見。因此，基因或基因組對社會造成的震撼相當大。

基因與人類到底有什麼關係呢？一九七〇年代初期，得知能夠自由重組DNA之後，開始嘗試各種操作基因。每當有新的發現，眾人對於「生物科技」的期待度就會提高。其中有些是實用化的技術，但是，多半在不為人知的情況下就無疾而終了。

在解讀人類基因組序列大致完成的今天，科幻電影中的生化人、人造人，甚至是複製人，都讓人覺得不久的將來可能會發生。當然，基因組的訊息明朗化後，科幻世界不一定會立刻實現。不過，其中的一部分，未來確實可能會出現。

例如，癌症或遺傳病等讓人痛苦的難治疾病，也許可以開發出有效的治療法，或是配合個人體質進行量身訂作的醫療等。如果真的能夠達成這些期望，那麼藉著操作基因，應該可以改善體質。

只要有某種程度的設備和知識，就可以操作基因。現在我們要如何接受這項事實呢？這是必須探討的問題。因為這是可能會發生的事情。

例如對我們而言，成為話題的基因改造食品，是和基因組相關的試金石。基因改造食品對人體或生態系會造成影響，同時也是未來避免糧食危機的關鍵。關於基因或基因組，我們不能因為不了解而加以排斥。應該做一個聰明的消費者，藉著取得正確的訊息而做出適當的判斷。

閱讀本書的人，應該關心何謂基因組及操作基因能夠改變什麼等問題。對於今後將生存在二十一世紀中的我們，無論如何，一定是在與基因訊息或操作基因的環境中生活。對於一般大眾或科學家而言，因為不了解而產生不安感，都是我們不樂見的事情。因此，讓更多人對於基因組或操作基因的可能性有所了解是很重要的。

二十世紀，我們付出許多慘痛的代價，才明白科學不一定能夠為人類帶來幸福。二十一世紀，我們就不能不關心操作基因與基因組對社會造成的種種影響。

希望本書能夠幫助有這種想法的人。

主編　海老原充

目錄

第二章

操作基因複製生命

「複製技術」的最前線

第三章 持續進化的「改造基因技術」

第四章 就在身邊的「基因改造食品」的本質

第五章

能夠解讀神的語言嗎？「人類基因組計畫」的全貌

專欄5　利用DNA識別個人的DNA鑑定

第六章 真的可以辦到嗎？ 最尖端的「基因醫療」

第七章

基因操作能夠將「人體改造」到何種地步？

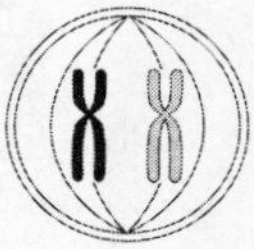

AGGTGTTGAACGCC
TCCACAACTTGCGG
AUGUU

第1章

「基因＆基因組」基礎中的基礎

☆ 基因組、基因、DNA 的不同
☆ 基因的暗號「密碼」是什麼？
☆ 為什麼兄弟不會一模一樣呢？
☆ 顯性遺傳（優性遺傳）與隱性遺傳（劣性遺傳）的「優劣」是什麼？

1 基因與DNA的關係

☆蛋白質的設計圖是基因，收藏基因的則是DNA

✣父母傳給子女的形質是會遺傳的

人類是由人類生出來的，貓是貓生出來的，大象是由大象生出來的，這些都是看似理所當然的事情。此外，親子的髮色、眼瞼的形狀和習慣等都極爲相似。看起來不像的親子，經由血型及耳垢的乾濕等，外表看不見的部分都很相近。

這種生物各自擁有的形狀或性質，總稱爲「形質」。父母將形質傳給子女，就稱爲「遺傳」。

何謂基因呢？髮色是黑色、眼睛是單眼皮，記錄這些形狀的設計圖就是基因嗎？嚴格說來，答案是否定的。

所謂基因，指的是製造一種蛋白質的設計圖。無論是製造肌肉、骨骼、臟器等生物各種形狀的**細胞**，都是由各種蛋白質及蛋白質吸收的營養素所構成的。生物要維持生命活動，蛋白質是不可或缺的，亦即基因是蛋白質的設計圖＝製造生物的形狀、維持生命活動的設計圖，也可以說是父母的形質傳給子女的設計圖。

Science memo

細胞　構成生物的最小單位。1665年，英國物理學家洛巴特・虎克，利用顯微鏡觀察軟木塞片，將好像蜂窩狀的小房間命名為「cell（細胞）」。

獲得形質＝遺傳

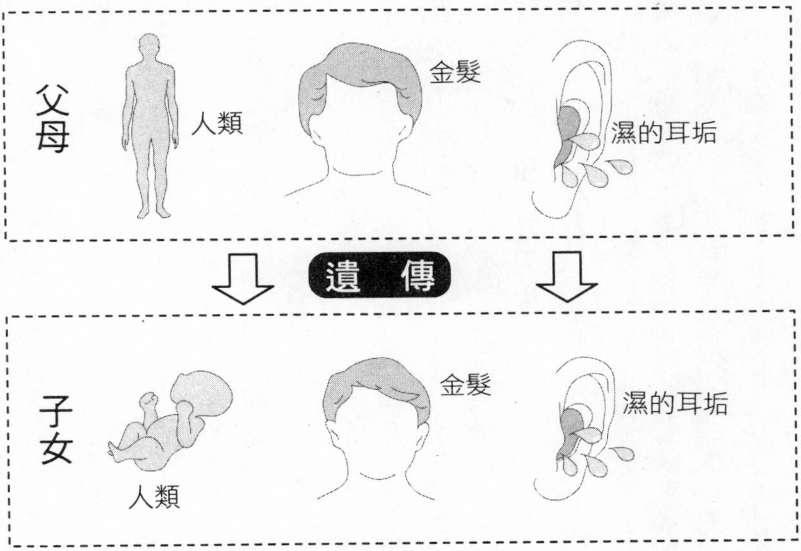

✣儲存遺傳訊息的DNA

談到遺傳，經常提及DNA。它是一種化學物質，即「含有**去氧核糖**的核酸＝去氧核糖核酸」。為英文Deoxyribonucleic acid的簡稱。DNA是由二股鏈呈螺旋狀糾纏所構成的，鏈中儲存各種基因。

如果DNA是大的書架，那麼，基因就是擺在書架上的一本書。相信這種比喻大家應該比較容易理解。

Science memo

去氧核糖　構成DNA的糖。是核糖（$C_5H_{10}O_5$）其中1個氫氧基（OH）被氫（H）替換而成的。分子構造為$C_5H_{10}O_4$。

2 染色體與基因組的關係

☆DNA的集合體是染色體，製造生物體形狀所需的全部DNA即基因組

✣只有在細胞分裂的某一時期才會出現的染色體

既然已經知道基因和DNA不同，那麼，以下接著來看染色體。

地球上的生物中，除了細菌類和**藍藻類**之外，所有的生物細胞都有膜覆蓋，具有核的構造。擁有這種有核細胞的生物稱爲「真核生物」。反之，沒有核的細胞稱爲「原核細胞」。由原核細胞構成身體的生物則稱爲「原核生物」。像之前說明的DNA，通常是存在於核中的狀態。

不過，只有在細胞分裂的某個時期突然聚集成棒狀的是染色體。染色體這個名稱，是因爲容易被鹼性的**基姆札液**色素染色而得到的。

✣二組染色體的一組是基因組

染色體依生物的種類決定數目。人類有四十六條，與人類接近的黑猩猩有四十八條，番茄有二十四條。調查染色體可以知道，大小和凹凸位置相同的染色體每二條合成一對。擁有四十六條染色體的人類，最小的一條染色體所形成的一對到第二十二條染色體所形成的一對，稱爲「常染色體」。剩下的二條稱爲「性染色體」。性染色體是決定性別的染色體。男性擁有X染色

Science memo

藍藻類　利用分裂或孢子的方式增殖的單細胞生物。個體集合成絲狀，形成球狀。是無核的原核細胞，細胞內有染色質。

人類的染色體數目到底有多少？

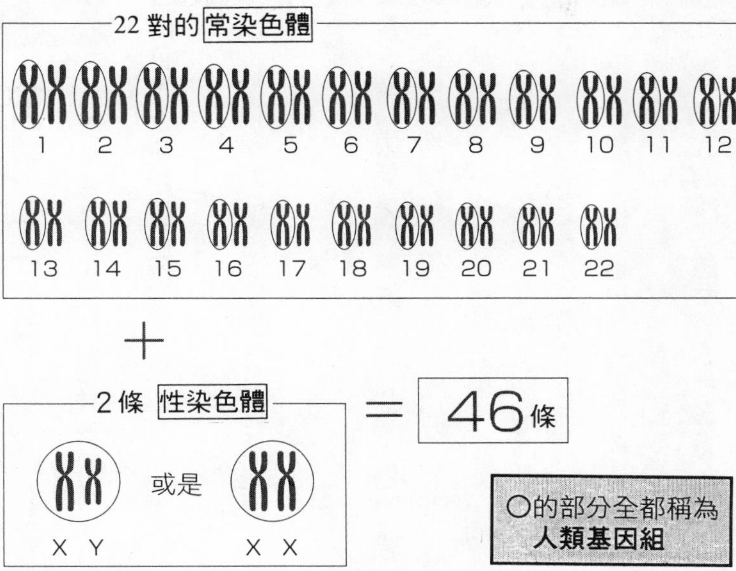

體和Y染色體各一條。女性則擁有二條X染色體。換言之，形成人類這個種類的訊息，只要調查二十二條常染色體這一組及二條性染色體這一組即可了解。二十四條染色體就是人類的基因組。

接著，來探討基因、DNA、染色體與基因組的關係。構成基因組的染色體，形成鎖鏈狀的化學物質即DNA。其中一部分是製造蛋白質的設計圖，稱爲基因。

Science memo

基姆札液　染血球顏色的染色液的一種。是天藍色素與曙紅的混合溶液。染色時必須混合蒸餾水。

3 充滿基因訊息的DNA的本質

☆去氧核糖、磷酸、四種鹼基構成DNA

DNA如二十三頁所說，是充滿基因訊息的書架。事實上，儲存在DNA的基因，只佔整體的二～五％，其餘的九五％以上是不知道代表什麼的廢物DNA。

以下再深入探討一下DNA。

✣著名的DNA雙股螺旋構造

DNA為「去氧核糖核酸」的簡稱，是一種核酸。核酸是由鹼基、糖、**磷酸**等三種化學物質各一個組合而成的。數千、數萬個核酸則形成核糖。鹼基、糖、磷酸各一個組成的是核苷酸，是最小的基本構成單位。

DNA是由去氧核糖、磷酸及四種鹼基構成的核苷酸。四種鹼基指的是腺嘌呤（A）、鳥嘌呤（G）、胞嘧啶（C）、胸腺嘧啶（T）。分別以「腺嘌呤—糖（去氧核糖）—磷酸」、「鳥嘌呤—糖（去氧核糖）—磷酸」等的方式結合。

因此，DNA的核苷酸共有四種形態。

DNA的雙股螺旋構造，是由這四種形態的核苷酸相連構成的。在鹼基

Science memo

磷酸　在生物體內進行熱量的收受，即使加上酸或鹼，也不容易產生pH值（酸鹼值）變化的物質。

核酸的構造

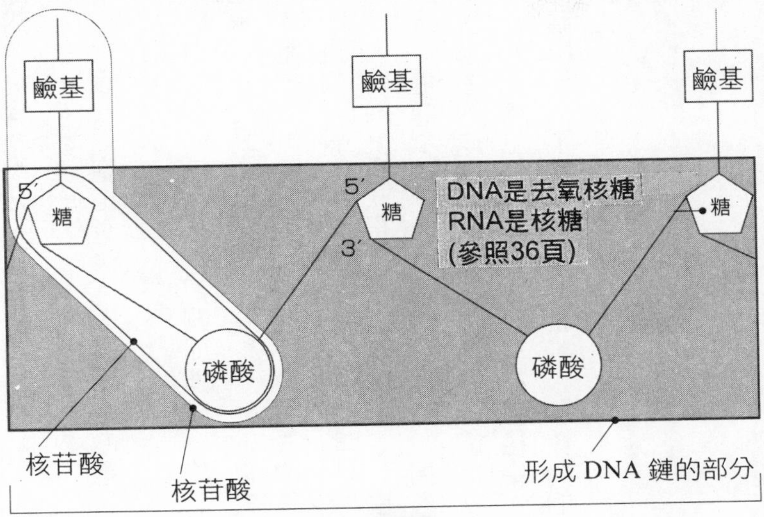

核酸

—糖—磷酸的組合中，從糖伸出的另一隻手，和其他的核苷酸的磷酸結合。反覆進行，就會形成一條鏈。鏈之間的鹼基相連，就會形成雙股鏈。因此，核苷酸的不同只在於鹼基的不同。

DNA的雙股螺旋構造，是一九五三年由美國的**詹姆斯・華生**及英國的**法蘭西斯・克里克**所提出的。

Science memo

詹姆斯・華生(1928～)、法蘭西斯・克里克(1916～)　兩人都是分子生物學家。1953年，發表DNA的雙重螺旋構造。1962年，獲得諾貝爾生理醫學獎。

✣人類的DNA全長約二公尺

地球上的生物全都是細胞所構成的。真核生物除了紅血球等一部分之外，幾乎所有的細胞都有核。人體細胞的數目約有六十兆個。基本上，任何細胞中都有DNA。

將核中所有的染色體都解開而連成一條DNA時，則寬爲○・○○○○二毫米，長約爲二公尺。這些染色體收納在直徑○・○○五毫米的核中。如果核相當於棒球的大小，那麼，DNA的長度就會長達四百公里。

這麼長的DNA是如何收納在核中的呢？以下就來說明其構造……。

DNA絲纏繞球狀蛋白質**組氨酸**二～三圈。反覆纏繞，形成如珍珠項鍊般的形狀。這條項鍊就像變化線圈似的，摺疊二層、三層。目前尚無法得知產生這種構造的原因。不過，這種精巧的方法確實教人驚嘆。

此外，真核生物的DNA不只存在核中，也存在於細胞內小器官粒線體或葉綠體中。爲了區別核外的DNA和核內的DNA，於是將前者稱爲「核外DNA」，後者則稱爲「染色體DNA」。一般提到的DNA，就是指染色體DNA。

Science memo

組氨酸　存在於真核細胞核內的鹼基性蛋白質。與DNA的含量相同，一般認為其應該是調節DNA遺傳訊息的發現。

核內 DNA 的構造

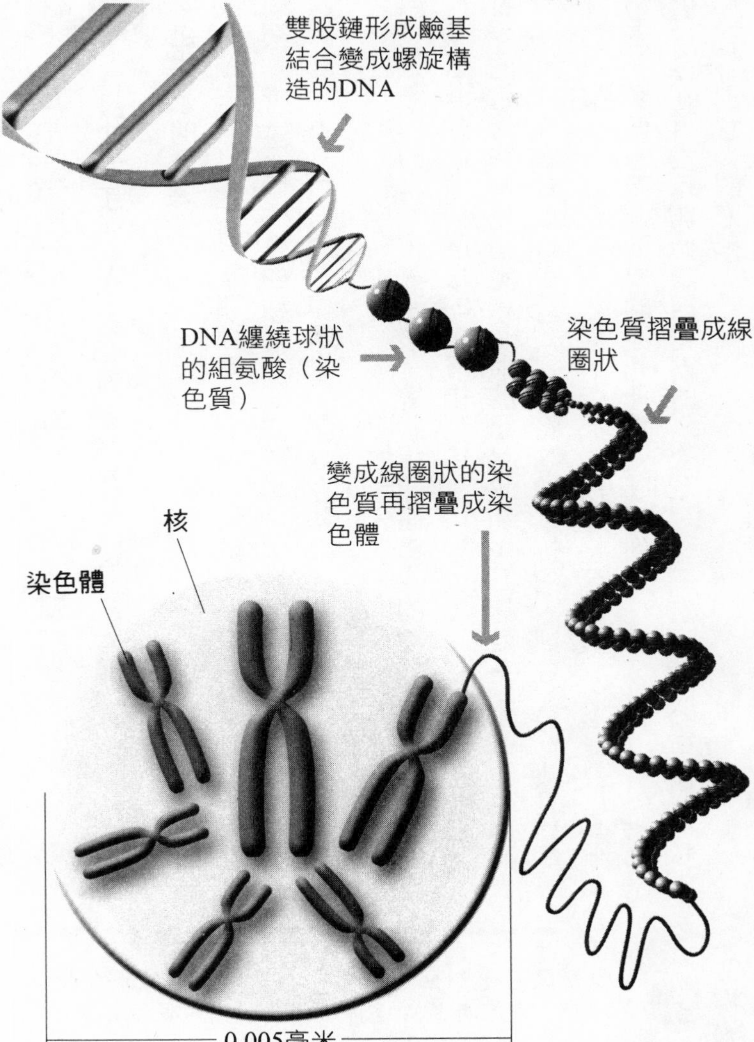
雙股鏈形成鹼基結合變成螺旋構造的DNA
DNA纏繞球狀的組氨酸（染色質）
染色質摺疊成線圈狀
變成線圈狀的染色質再摺疊成染色體
核
染色體
0.005毫米

4 遺傳訊息的暗號——密碼

☆鹼基的序列是結合成為蛋白質基礎的氨基酸

構成DNA的化學物質是四種鹼基、糖和磷酸。所有的核苷酸都有共通的糖和磷酸，唯一不同的是四種鹼基。四種鹼基——腺嘌呤、鳥嘌呤、胞嘧啶、胸腺嘧啶，表示所有的遺傳訊息。記錄在基因上的密碼是蛋白質的設計圖。

✣三個字母表示的密碼

蛋白質是體內的二十種氨基酸呈鏈狀相連而構成的物質。因此，基因中記錄著何種**氨基酸**按照什麼樣的順序排列。

DNA的遺傳密碼是指定氨基酸的訊息，利用三種鹼基的排列方式來表示。例如，將GAACGCGCC這個鹼基加以排列，則GAA＝谷氨酸、CGC＝精氨酸、GCC＝丙氨酸。依此順序連接氨基酸。有意義的三個鹼基稱爲密碼。數個密碼排列成的序列稱爲密碼序列。

密碼中存在著表示開始讀取密碼的（AUG）或表示讀取結束的（UAA）等具有特別意義的密碼。

Science memo

氨基酸　1個分子內含有氨基和羧基的化合物的總稱。許多氨基酸進行肽結合而構成蛋白質。

密碼的暗號表

●3個鹼基表示出20種氨基酸				
	尿嘧啶(U)	胞嘧啶(C)	腺嘌呤(A)	鳥嘌呤(G)
U	UUU 苯丙氨酸	UCU 絲氨酸	UAU 白氨酸	UGU 半胱氨酸
	UUC 苯丙氨酸	UCC 絲氨酸	UAC 白氨酸	UGC 半胱氨酸
	UUA 白氨酸	UCA 絲氨酸	UAA 讀取結束	UGA 讀取結束
	UUG 白氨酸	UCG 絲氨酸	UAG 讀取結束	UGG 色氨酸
C	CUU 白氨酸	CCU 脯氨酸	CAU 組氨酸	CGU 精氨酸
	CUC 白氨酸	CCC 脯氨酸	CAC 組氨酸	CGC 精氨酸
	CUA 白氨酸	CCA 脯氨酸	CAA 谷氨酸	CGA 精氨酸
	CUG 白氨酸	CCG 脯氨酸	CAG 谷氨酸	CGG 精氨酸
A	AUU 異白氨酸	ACU 蘇氨酸	AAU 天門冬氨酸	AGU 絲氨酸
	AUC 異白氨酸	ACC 蛋氨酸	AAC 天門冬氨酸	AGC 絲氨酸
	AUA 異白氨酸	ACA 蘇氨酸	AAA 賴氨酸	AGA 精氨酸
	AUG 蛋氨酸 開始讀取	ACG 蘇氨酸	AAG 賴氨酸	AGG 精氨酸
G	GUU 纈氨酸	GCU 丙氨酸	GAU 天門冬氨酸	GGU 甘氨酸
	GUC 纈氨酸	GCC 丙氨酸	GAC 天門冬氨酸	GGC 甘氨酸
	GUA 纈氨酸	GCA 丙氨酸	GAA 谷氨酸	GGA 甘氨酸
	GUG 纈氨酸	GCG 丙氨酸	GAG 谷氨酸	GGG 甘氨酸

※展露在 DNA 密碼序列上的 mRNA 的密碼表。胸腺嘧啶（T）被尿嘧啶（U）所取代。

5 複製DNA的構造

☆藉著鹼基的互補性能夠經常製造出正確的複製品來

✣A與T、G與C和睦相處嗎?

一九五〇年，生化學家**夏爾加夫**發現了DNA中所含的腺嘌呤的量和胸腺嘧啶的量、鳥嘌呤的量和胞嘧啶的量是一定的。不過，當時並不知道這到底意味著什麼。解開這個謎團的，則是由華生和克里克所提出的DNA雙股螺旋構造。

華生和克里克認爲，藉著雙股螺旋構造成對的鹼基具有互補性。鹼基的互補性是，若其中一邊的鏈爲A，則與其相對的鏈爲T。若爲G，則相對的一定是C。例如，ATTCGCAAA這個鹼基序列，成對的鹼基一定是TAAGCGTTT。夏爾加夫所發現的A與T的量與G與C的量相同，其理由可以利用上述的互補性加以說明。

在複製DNA的過程中，鹼基的互補性具有十分重要的作用。複製DNA時，二股鏈解開，形成獨立的二股不同的鏈。各自的鏈與互補的鹼基相結合，就能產生與最初的DNA完全相同的DNA。藉著鹼基的互補性這種神奇的構造，能夠使得DNA經常正確的被複製出來。

Science memo

夏爾加夫（1905～）　哥倫比亞的生化學家。發現了「DNA內的A與T、G與C等量」的夏爾加夫經驗法則。

鹼基的結合構造

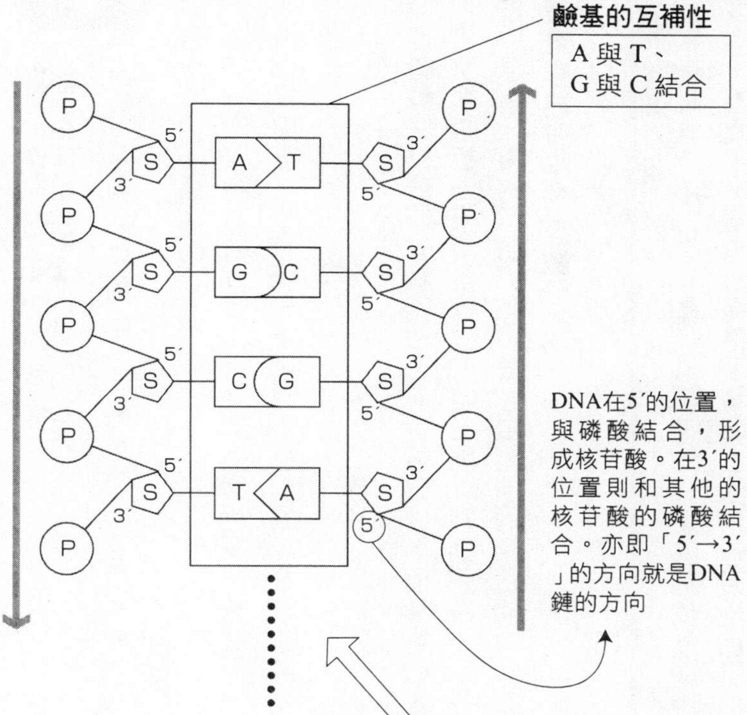

鹼基的互補性
A與T、
G與C結合

5´
3´
DNA在5´的位置，與磷酸結合，形成核苷酸。在3´的位置則和其他的核苷酸的磷酸結合。亦即「5´→3´」的方向就是DNA鏈的方向

P ：磷酸
S ：糖（去氧核糖）
A ：腺嘌呤
G ：鳥嘌呤
C ：胞嘧啶
T ：胸腺嘧啶

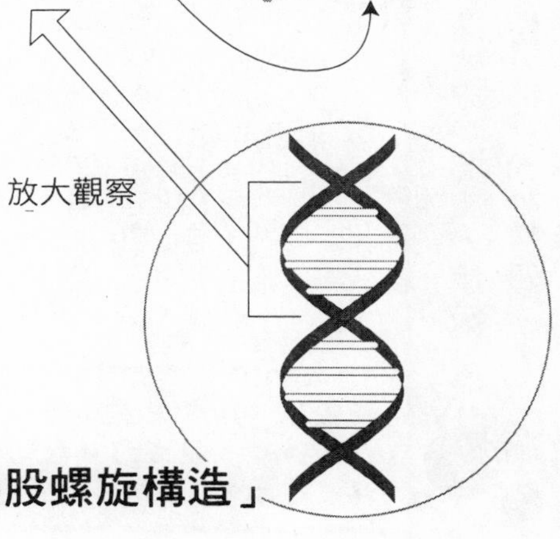

放大觀察

「DNA的雙股螺旋構造」

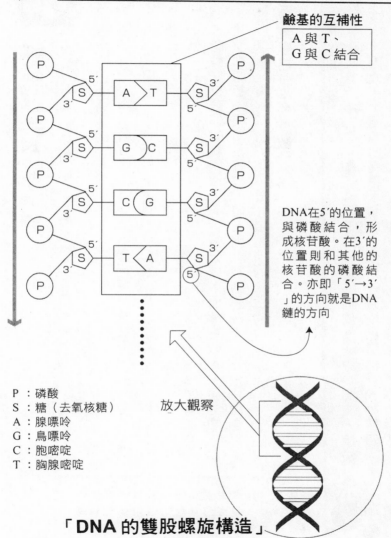

6 細胞分裂的構造

☆形成生物的體細胞分裂與繁衍子孫的減數分裂

✣相同細胞所進行的體細胞分裂

人類是由精子與卵子結合成的一個細胞進行反覆分裂形成的。構成身體之後，毛髮或皮膚等，也會旺盛的進行細胞分裂。形成或維持身體的細胞分裂，稱爲體細胞分裂。

體細胞分裂時，核內的DNA成棒狀聚集形成染色體。染色體增加爲二倍，好像被**紡錘絲**拉著似的朝二個方向進行分裂。而植物的染色體分裂成二個之後，利用**細胞板**分成二段分裂。體細胞分裂則是四十六條染色體全部都被複製，所以，分裂的二個細胞中有完全相同的染色體。

✣染色體數變成一半的減數分裂

另外，精子、卵子等生殖細胞，經由特殊的細胞分裂而產生。如果生殖細胞進行與體細胞相同的分裂，則擁有四十六條染色體的精子和卵子受精後，孩子會有九十二條、孫子會有一八四條，染色體數會不斷的增加，無法儲存在核中。因此，生殖細胞在精子和卵子受精時，染色體數爲了維持四十六條，就會進行使數目變成平常的一半，即變成二十三條染色體的細胞分裂。

Science memo

紡錘絲　核分裂前期結束時所出現的膠狀構造物是紡錘體。構成紡錘體的纖維就是紡錘絲。分裂終止時就會消失。

減數分裂的構造

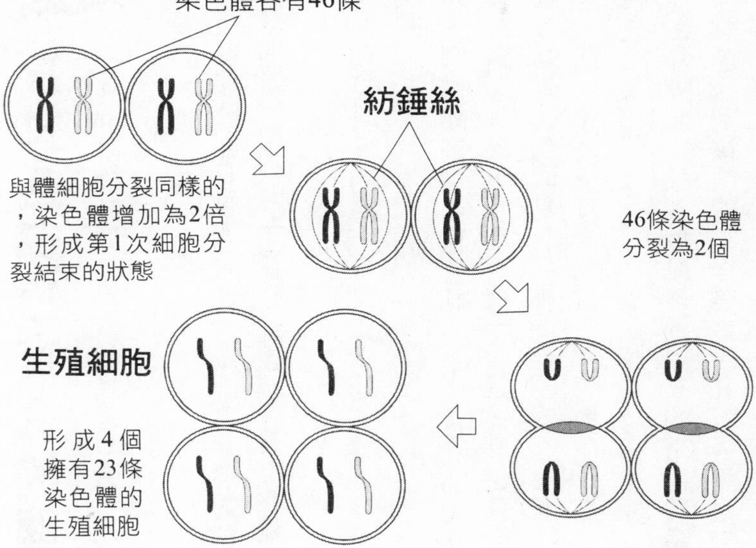

染色體各有46條
紡錘絲
與體細胞分裂同樣的，染色體增加為2倍，形成第1次細胞分裂結束的狀態
46條染色體分裂為2個
生殖細胞
形成4個擁有23條染色體的生殖細胞

這稱爲減數分裂。

減數分裂的第一階段與體細胞分裂相同。染色體的數目增加爲二倍九十二條，再分裂成擁有二十三對四十六條染色體的二個細胞。接著，染色體不再變成二倍，而是成對的染色體一分爲二，開始進行分裂。亦即一個細胞經過了二次的細胞分裂，成爲擁有二十三條染色體的生殖細胞。這種細胞共有四個。

由於具有上述神奇的構造，生物才能夠繁衍與自己相同的子孫。

Science memo

細胞板　細胞分裂時，在分裂場所形成的薄的板狀細胞。分裂後形成細胞壁。

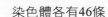

7 RNA與DNA的關係

☆具有讓設計圖DNA到達蛋白質生成工廠的架橋作用的RNA

✣RNA是DNA的妻子嗎？

去氧核糖核酸＝DNA是在一九二九年發現的。然而，在更早的二十年前，已經發現另一種核酸「含有核糖的核酸＝核糖核酸（ribonucleicacid）」，即RNA。

RNA和DNA同樣，都是由最小的構成單位鹼基—糖—磷酸的核苷酸聚集而成的。

不過，四個鹼基中由尿嘧啶（U）取代DNA中的胸腺嘧啶（T）。此外，DNA爲二股鏈，RNA爲一股鏈，其鏈甚至較DNA短。

那麼，RNA到底具有何種的作用呢？DNA是收藏蛋白質設計圖的場所，但是，DNA並沒有合成蛋白質的機能，而必須藉著**核糖體**這種**細胞內小器官**製造出來。

RNA會將從DNA那兒轉錄下來的蛋白質設計圖，以及製造蛋白質所需的氨基酸運送到核糖體。換言之，RNA是具有DNA與核糖體之間架橋作用的物質。

Science memo

核糖體　核糖體是50種至60種的蛋白質和３至４個核糖體RNA（rRNA）的複合體。將信使RNA（mRNA）的訊息轉譯到多肽上。

RNA 的作用

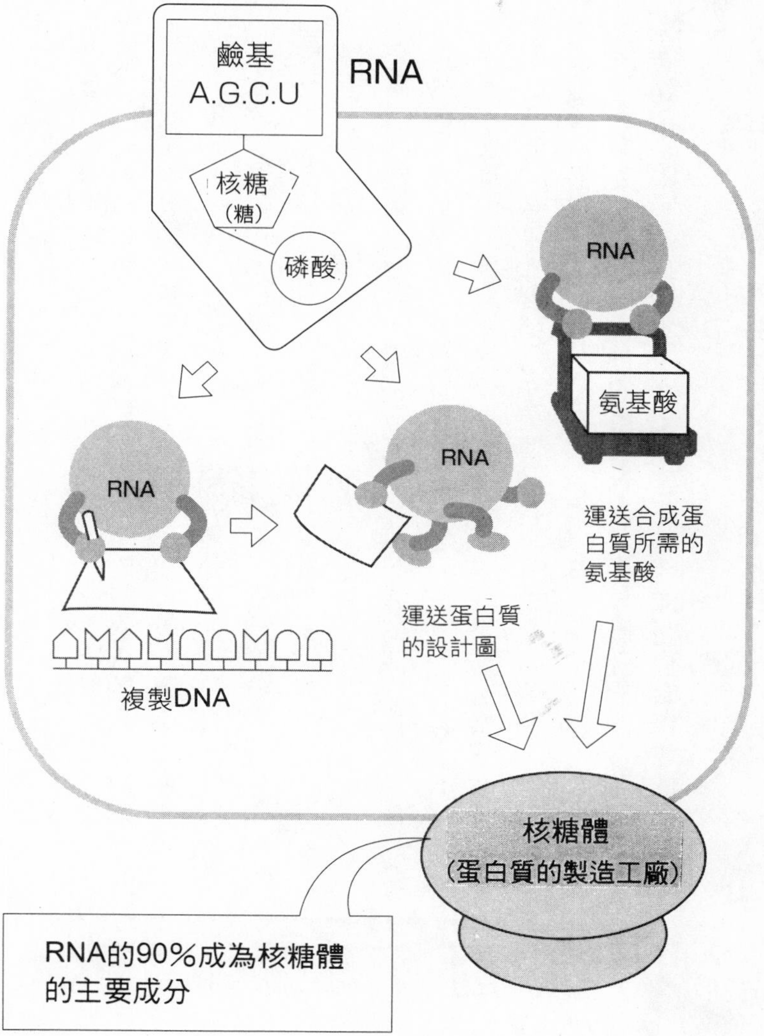
鹼基
A.G.C.U
RNA
核糖
(糖)
磷酸
RNA
氨基酸
RNA
RNA
運送合成蛋
白質所需的
氨基酸
運送蛋白質
的設計圖
複製DNA
核糖體
(蛋白質的製造工廠)
RNA的90%成為核糖體
的主要成分

✣從DNA中讀取設計圖的mRNA

從蛋白質的合成過程來看RNA的作用。

在生物體內製造蛋白質時，則儲存於設計圖中的DNA的二股鏈的鹼基結合解開，分別成爲一股鏈。DNA的二股鏈中，輸入設計圖中的鏈和成爲不同模型的鏈，藉著RNA進行互補結合，複製鹼基序列。DNA的鹼基A和RNA的U結合，T與A、G與C、C與G結合。爲什麼會形成模型呢？因爲在模型中利用互補結合，就能夠抄寫與設計圖相同的鹼基序列。這項作業就稱爲「轉錄」。

不過，光靠這項作業，設計圖還不算完美。DNA的訊息摻雜了成爲蛋白質設計圖的訊息（表現序列）及無意義的訊息（內子）。因此，RNA必須進行分割內子和表現序列，只連接表現序列的作業。這種編輯作業就稱爲「接合」。由此形成的RNA就稱爲「信使RNA（mRNA）」。

✣將資材運送到蛋白質工廠的tRNA

到目前爲止的作業是在核內進行的mRNA，從核膜孔出來後朝核糖體移動。核糖體讀取mRNA的鹼基序列，下達運送合成蛋白質所需的氨基酸前來的命令。

這時，開始活躍的RNA是「轉移RNA（tRNA）」。

Science memo

細胞內小器官　葉綠體、粒線體、溶酶體、高基氏體、中心體、內質網等，存在於細胞原形質內的構造體。

mRNA 的形成

DNA的2股鏈

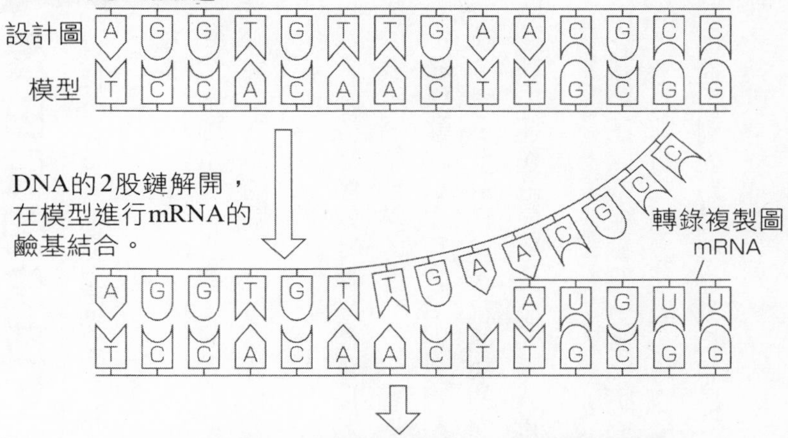

其中去除了無意義的訊息（內子），重新連接有用的訊息（表現序列），藉此完成 mRNA

tRNA各自具有決定好的專屬氨基酸。例如，mRNA有表示CAG，即**谷氨酸**的密碼。這時，負責谷氨酸的tRNA就會將谷氨酸運送到核糖體。

因此，按照從核內的DNA經由mRNA運送來的鹼基序列（設計圖），利用tRNA陸續送來氨基酸。依鹼基序列的順序，在核糖體結合而製成蛋白質。

Science memo

谷氨酸　為一種氨基酸。大量存在於腦組織中，可以算是腦的能量來源。

8 蛋白質的生成工廠「核糖體」

☆從mRNA的前端開始，依序讀取密碼製造氨基酸

前面已經介紹過mRNA與tRNA的責任分擔。接著，爲了要了解在核糖體內合成蛋白質到底應該進行哪些作業，以下就來詳細探討核糖體內的作業流程。

✣蛋白質的構成

mRNA來到核糖體處，核糖體依序讀取記錄在mRNA上密碼序列的AUG，這個表示開始地點的部分及以蛋氨酸爲密碼的密碼。例如，接下來的密碼是表示**絲氨酸**的UCU時，則負責絲氨酸的tRNA，就會將絲氨酸運送到核糖體，與表示mRNA絲氨酸的密碼UCU進行鹼基結合。tRNA擁有三個鹼基。運送絲氨酸的tRNA則是AGA的鹼基和mRNA的UCU連接。

接著，在核糖體讀取密碼GAA，而負責的tRNA運送谷氨酸前來與mRNA結合。並排的二個氨基酸，絲氨酸和谷氨酸結合，離開tRNA。這個作業反覆進行到表示密碼序列結束的「終止密碼」mRNA的尾端。相連的氨基酸最後就會變成蛋白質。

Science memo

絲氨酸　為一種氨基酸。是合成另一種氨基酸甘氨酸所需的物質，也是磷脂質的成分。

在核糖體合成蛋白質的過程

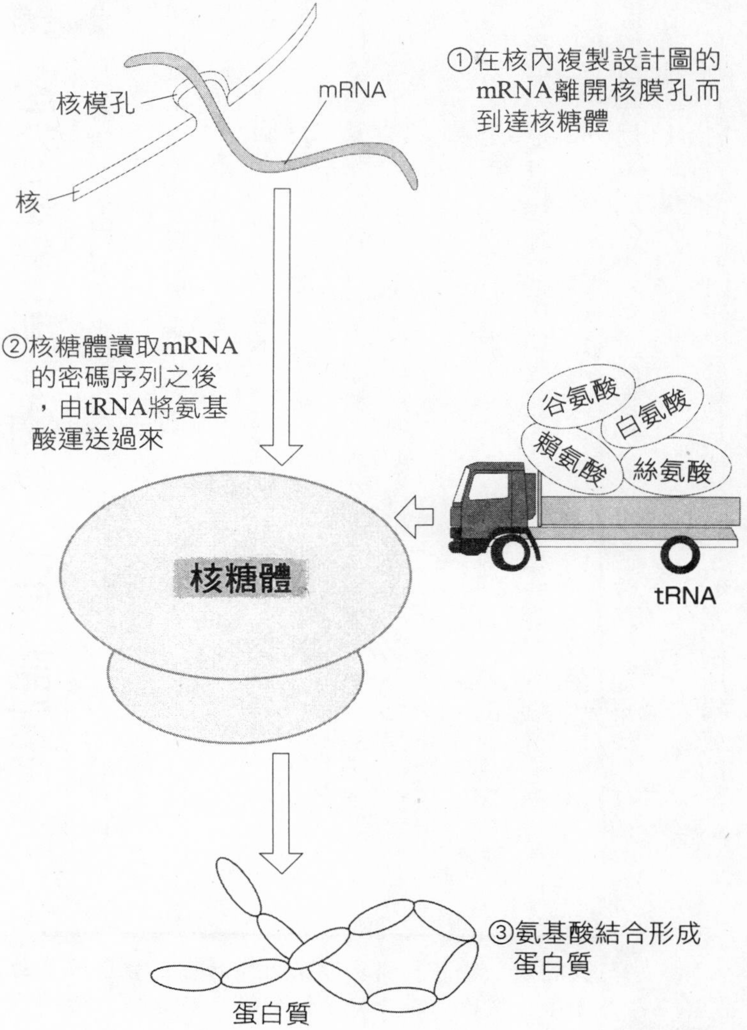

核模孔
mRNA
核
①在核內複製設計圖的mRNA離開核膜孔而到達核糖體
②核糖體讀取mRNA的密碼序列之後，由tRNA將氨基酸運送過來
谷氨酸
白氨酸
賴氨酸
絲氨酸
tRNA
核糖體
③氨基酸結合形成蛋白質
蛋白質

9 密碼是全部生物的共同語言嗎？

☆人類的基因密碼也適用於其他生物

✣大腸菌也是由人型蛋白質製造出來的

UCUCUUAGA

RNA將這個設計圖運送過來。這時，形成以下三個密碼。

UCU—CUU—AGA

UCU是絲氨酸，CUU是白氨酸，AGA是精氨酸。一些密碼相連，形成一個蛋白質的設計圖。亦即單字密碼集合起來就形成表示蛋白質設計圖的文章。

人類的密碼是否只適用於人類呢？將人類特有的蛋白質的密碼序列植入其他的生物中，是否也能製造出與人類相同的蛋白質呢？只要調查這一點，就可以明白事實真相了。該實驗藉由大腸菌來進行。**大腸菌**可以製造出無法合成的人型前胰島素。利用各種生物反覆進行這個實驗，結果發現任何一種生物的密碼都是共通的。

地球上的生物，全都是由四個鹼基及代表鹼基的密碼所構成的。

Science memo

大腸菌　棲息在哺乳類腸內的細菌，會分解葡萄糖等，進行乳酸發酵。通常沒有病原性。全身具有鞭毛，能夠運動。

全部生物都有共通的密碼

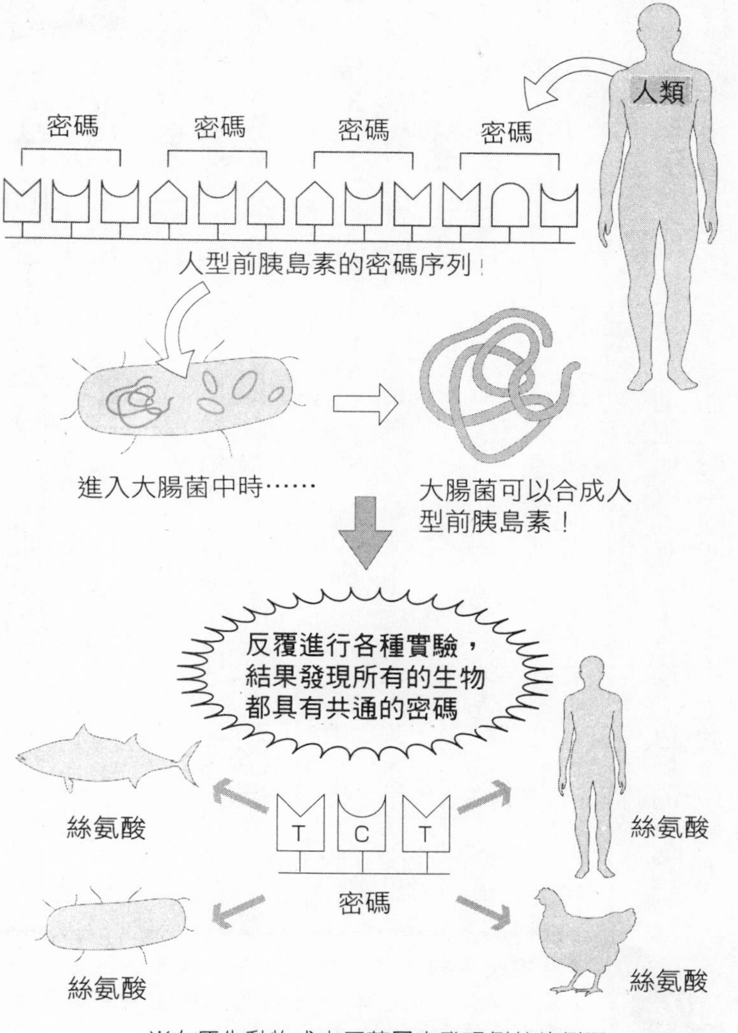
人類
密碼
密碼
密碼
密碼
人型前胰島素的密碼序列
進入大腸菌中時……
大腸菌可以合成人
型前胰島素！
反覆進行各種實驗，
結果發現所有的生物
都具有共通的密碼
T
C
T
密碼
絲氨酸
絲氨酸
絲氨酸
絲氨酸

※在原生動物或支原菌屬中發現例外的例子

10 為什麼子女與父母相似？

☆像父親或母親，是因為染色體數目各佔五十％

✣繼承形質的減數分裂的構造

「眼睛和媽媽長得一模一樣」、「體格和爸爸非常像」，經常可以聽到類似的說法。孩子像父母是理所當然的事，但是，爲什麼孩子可以繼承父母的形質呢？

無性生殖生物，單細胞的內容變成二倍，再分裂成二個細胞，所以能夠形成無數個具有相同形質的個體。利用無性生殖所出現的個體差，是基因自然改變的「自然突變」造成的。

另外，像人類則是進行有性生殖的生物。有性生殖必須進行減數分裂這種特殊的細胞分裂，製造出精子、卵子等生殖細胞。

之前已經說明過，進行減數分裂時，四十六條染色體增加爲二倍後再分裂，變成二個細胞。接著，染色體的數目沒有增加，而是二組染色體各自分爲一組，變成二個細胞。亦即從一個細胞變成具有二十三條染色體的四個細胞。而形成的生殖細胞構成了由父母那兒繼承的四十六條染色體，所以子女也繼承了父母的形質。

Science memo

無性生殖生物　沒有雌雄之分，只要一個個體就能產生新個體的生物。包括單細胞生物到高等多細胞生物等。

為什麼子女會像父母呢？

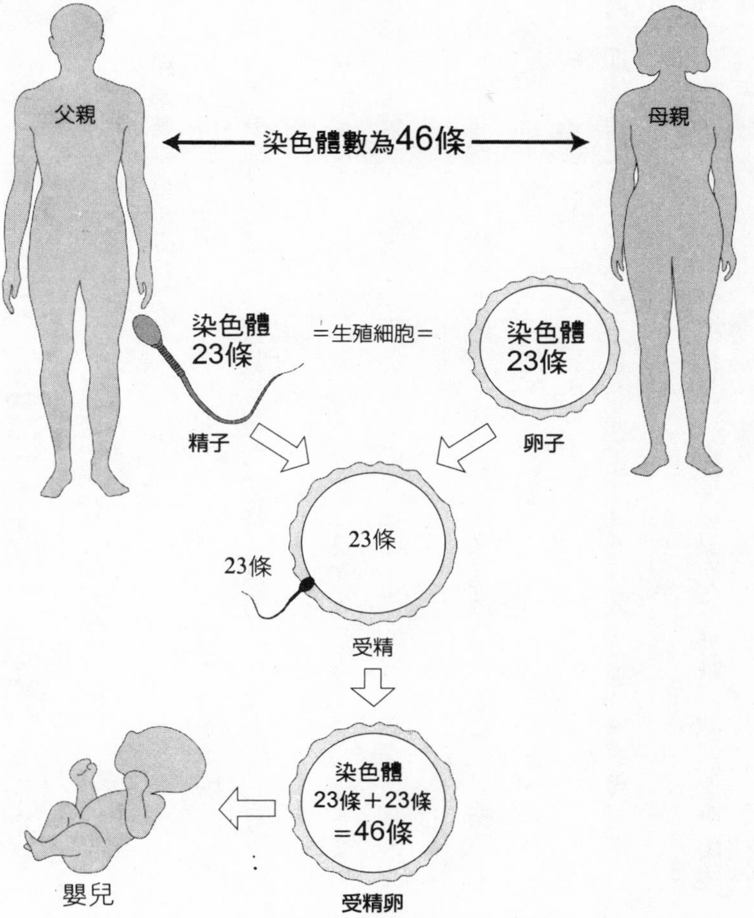

從父親和母親那兒分別繼承23條染色體，所以子女會像父母

11 為什麼沒有和自己一模一樣的人呢？

☆為了讓子孫具有多樣性而出現神奇的減數分裂

✣為什麼兄弟姊妹不是複製品呢？

同樣是從父母那兒分別繼承一半的染色體，但是，爲什麼兄弟姊妹的容貌和性格會有差異呢？只要了解減數分裂的過程，就可以掌握大致的實際情況了。

在進行減數分裂時，最初生殖細胞內的染色體會增加爲二倍。在這個階段，裡面摻雜了從父親及從母親那兒繼承的染色體。亦即會自然進行基因改造。

不只如此，成對染色體的一部分交叉，在此又進行重組。二十三條染色體全部都會進行這個作業，所以，幾乎不可能形成一模一樣的精子、卵子。精子、卵子結合之後，其組合會成爲天文數字。

因此，即使是兄弟，也不一定具有完全相同的基因。這個機率幾乎是〇%，更何況是別人。

有性生殖生物藉著減數分裂的構造，使個體具有多樣性，才能適應環境的各種變化因素。

Science memo

有性生殖生物　雌雄分別製造出配子，二個配子結合而製造出新個體的生物。

減數分裂時的基因改造

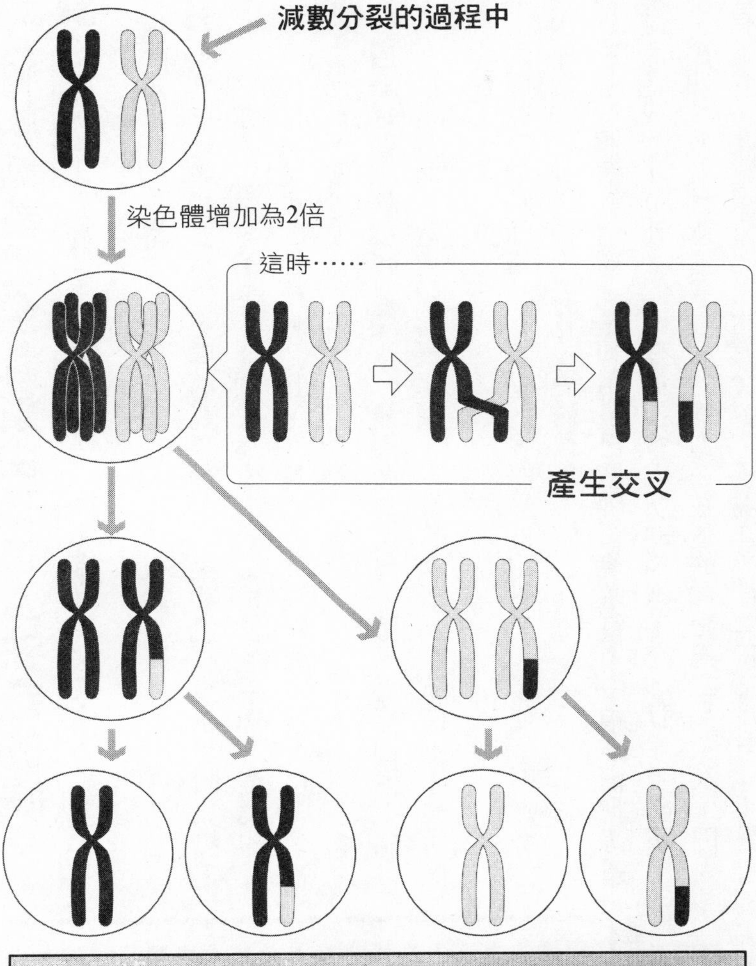
減數分裂的過程中
染色體增加為2倍
這時……
產生交叉

以人類來說，精子與卵子的23條染色體同樣會進行交叉，該組合會變成天文數字。因此，不可能出現一模一樣的人。

12 性格或能力全都是由ＤＮＡ決定的嗎？

☆雖然存在會影響性格的基因，但性格並非只取決於基因

✢成長環境的影響不容忽視

在雪梨奧運的馬拉松賽獲得金牌的高橋尙子如果和凱札亨格・阿貝拉之間生下孩子，那麼，這個孩子是否能夠成爲偉大的馬拉松選手呢？溫柔的父母，孩子是否也具有溫柔的性格呢？ＤＮＡ是否能夠決定能力或性格呢？答案應該一〇〇％是ＹＥＳ。

然而，看看這個世界就可以知道，能力強的父母，不見得能夠生下能力強的孩子。在性格方面，這種傾向更明顯。活潑的父母，生下的孩子也可能非常溫和。

當然，基因與能力和性格並非無關。根據最近的研究，發現了與好奇心有關的基因。例如，神經細胞的Ｄ４**受體**就是其中之一。

人的好奇心或興奮等情緒，是利用**多巴胺**神經傳遞質，由神經細胞傳遞到神經細胞而造成的。Ｄ４受體則是捕捉多巴胺的棒球手套。Ｄ４受體基因的中心部，由四十八個鹼基形成往返的構造。往返的次數爲二～八次，因人而異，各有不同。在往返爲七次的人當中，發現許多具有旺盛好奇心性質的

Science memo

受體　也稱為受器。存在於體表或腦等身體各處接受刺激的裝置或細胞。例如感覺器官等，也是屬於受體的一種。

性格與能力是如何決定的？

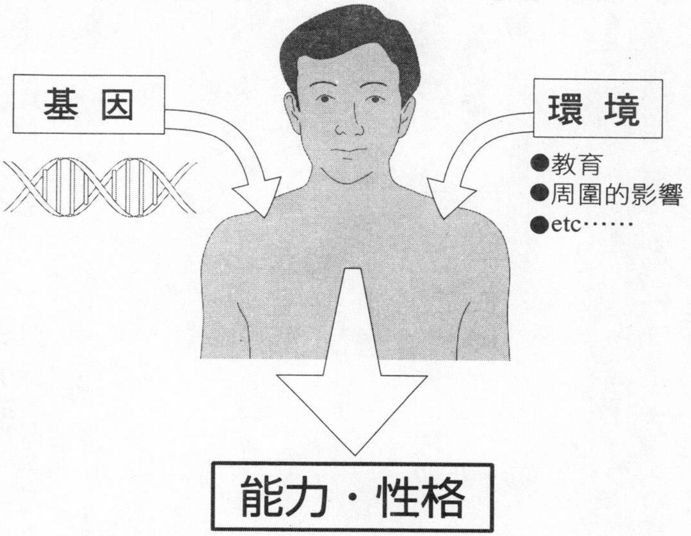

人。

基因的往返次數，會由父母遺傳給子女。

因此，人的能力或性格確實會受到遺傳的影響。然而，生長的環境或接受的教育等，成長過程中所受到的來自於周圍的影響，也是不容忽視的部分。

今後，也許會發現更多決定性格的基因，但和周圍環境所造成的影響一定也有關。

Science memo

多巴胺　和腎上腺素、降腎上腺素等同樣是兒茶酚胺這一種生物體胺。是存在於交感神經系統的傳遞質。

13 體內的任何一個細胞都有相同的基因進入嗎？

☆無論是腦細胞或手指的細胞，都有相同的DNA進入

✣基因可以開關

人體是由六十兆個細胞構成的，像手臂、腿或臟器等部位，也都是由細胞構成的。然而，除了沒有核的**紅血球細胞**等之外，任何細胞的DNA都是相同的。並非手臂只輸入手臂設計圖的基因，頭腦只有輸入頭腦設計圖的基因。那麼，爲什麼相同的DNA卻會產生手臂、頭腦或心臟等不同形狀、機能的細胞呢？

其結論是，在各部位只有必要基因的開關是打開的，其他開關則是關上的。在手臂的細胞，只有製造手臂的形狀並加以維持的蛋白質基因會展現活動。不過，到底是以何種構造、依各部位的不同開關會打開或關上，目前不得而知。

現在已知的是，最初只有一個受精卵，逐漸分裂，數目增加，擁有手臂或心臟等不同的機能。細胞到達各場所時，只活用部分的基因製造骨骼、肌肉或內臟。

Science memo

紅血球細胞　只有所有的脊椎動物及魁蛤、掃帚蟲等一部分無脊椎動物的血液中有紅血球細胞。從呼吸器官將氧送達各組織。

相同的DNA製造出身體所有的部位

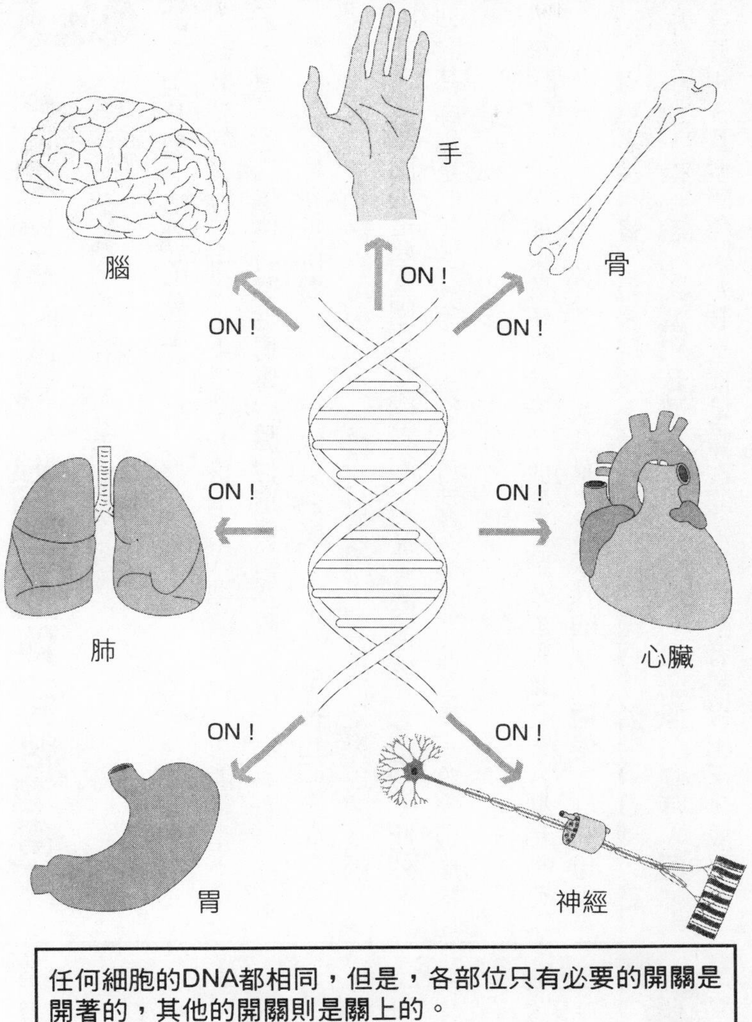

任何細胞的DNA都相同，但是，各部位只有必要的開關是開著的，其他的開關則是關上的。

14 顯性遺傳（優性遺傳）與隱性遺傳（劣性遺傳）

☆發現力的強弱無法決定基因的優劣

✣顯性的A型B型，隱性的O型

A型與B型的父母，可以生下O型的孩子。A型的父母也可能會生下O型的孩子。這是因爲遺傳有**顯性遺傳**與**隱性遺傳**的緣故。

從父親和母親那兒各自繼承二十三條染色體，大小長度都相同，而且成對（相同染色體）。仔細觀察成對的染色體可以發現，包括決定髮色的基因、決定眼睛顏色的基因，這些基因也是成對的（對偶基因或等位基因）。此外，決定血型的基因也是成對的。因此，從父母那兒繼承的血型中，會出現形質較強者。

以下來探討血型。如果要正確的表示血型，則A型應該有AA型和AO型二種。B型有BB型和BO型。A或B是形質較強的顯性遺傳。從父母中的任何一人繼承之後，會出現表現型。而O型是隱性遺傳，若非OO型，就無法出現表現型。換言之，A型和B型父母生下的孩子的血型，會有A型、B型、O型和AB型四種。AB型都是顯性的，所以兩者都會出現。成對的基因中，容易出現的基因是顯性遺傳，不易出現的基因就是隱性遺傳。

Science memo

顯性遺傳、隱性遺傳　對立形質中，只有一邊的形質會出現時，出現的一方是顯性，另一方是隱性。其基因則分別稱為顯性基因、隱性基因。

顯性遺傳與隱性遺傳

相同染色體與對偶基因

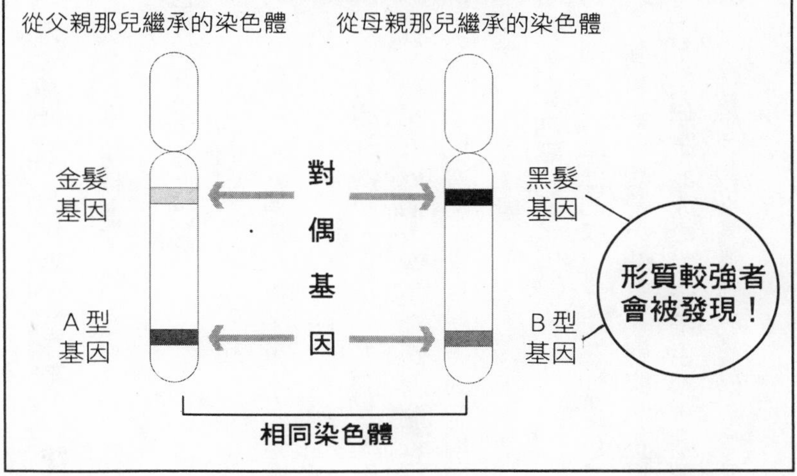

決定血型的構造

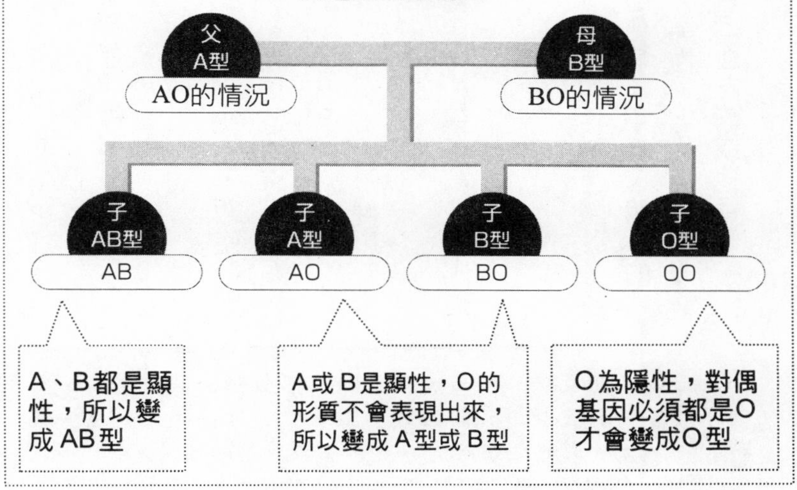

15 遺傳病何時會發病呢？

☆如果是隱性遺傳病，則成對的健康基因能夠抑制發病

✣遺傳病也有顯性、隱性之分

「遺傳病」——基因異常時所引起的「遺傳性疾病」。然而，即使從父母中的任何一方繼承了遺傳病，孩子也不一定會發病。因爲遺傳病也有顯性遺傳和隱性遺傳之分。如果是隱性的遺傳病，只要對偶基因兩者都無異常，就不會發病。成對的基因中，只有一方的基因出現異常，另一方是健康基因時，也能夠抑制疾病的發病。像這種遺傳病就稱爲「隱性遺傳病」。

相反的，「顯示遺傳病」則是一方的基因即使健康，但只要另一方出現異常，就會發病。

✣男性遺傳病的發病率比較高嗎？

遺傳病的顯性、隱性同樣會表現在性染色體上。女性的性染色體ＸＸ成爲一對，只要其中一方的基因健康，就能防止隱性遺傳病。不過，男性的性染色體是Ｘ、Ｙ，無法形成成對的染色體。換言之，男性一方的性染色體異常時就會發病。性染色體異常導致發病的遺傳病，包括**血友病**或色盲等。

Science memo

血友病　容易出血且血液不易凝固的遺傳病。與血液凝固有關的許多因子中，只要缺乏一種，就會引起這種疾病。是男性較多見的疾病。

遺傳病發病的構造

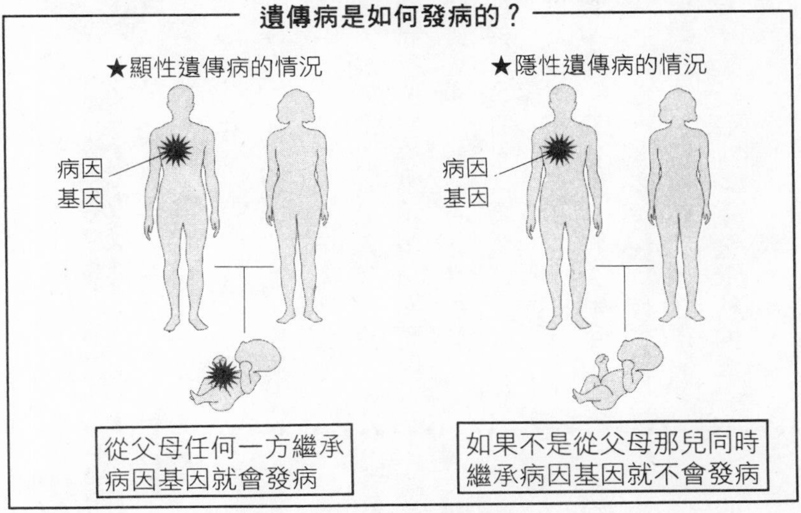
遺傳病是如何發病的？
★顯性遺傳病的情況
病因
基因
從父母任何一方繼承
病因基因就會發病
★隱性遺傳病的情況
病因
基因
如果不是從父母那兒同時
繼承病因基因就不會發病

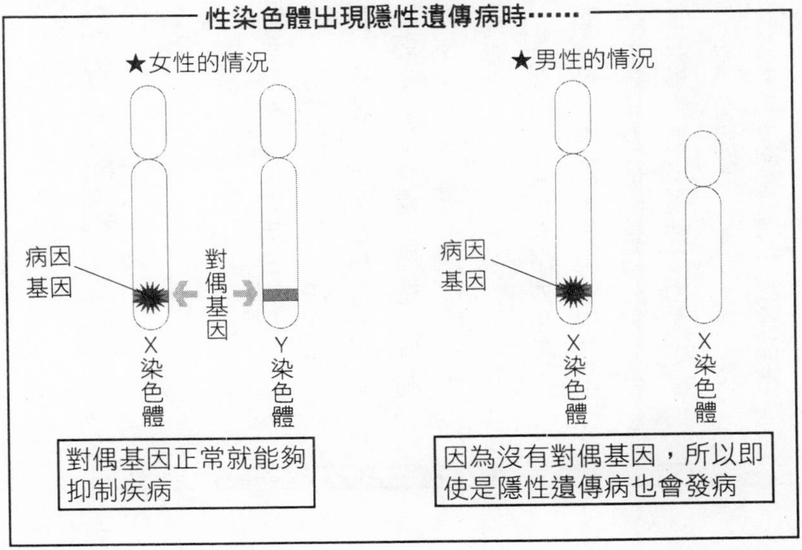
性染色體出現隱性遺傳病時……
★女性的情況
病因
基因
對偶基因
X染色體
Y染色體
對偶基因正常就能夠
抑制疾病
★男性的情況
病因
基因
X染色體
X染色體
因為沒有對偶基因，所以即
使是隱性遺傳病也會發病

專欄1

凌駕於超級電腦之上的DNA電腦

DNA由腺嘌呤（A）、鳥嘌呤（G）、胞嘧啶（C）、胸腺嘧啶（T）這四種鹼基所構成。經由A與T、G與C互補，進行遺傳訊息的記錄、複製。而利用其巧妙性質，讓DNA進行計算處理的就是DNA電腦。

一九九四年，南加州大學的李奧納多．艾德曼教授，利用DNA的性質，解答了「漢米爾頓途徑問題」，連接各都市途徑的問題。這是DNA電腦最初問世的情況。

首先，相當於都市A的DNA序列、相當於都市B的DNA序列，與各都市對應，決定鹼基序列。接著，表示各都市的序列前半與後半部相連，製造出互補的DNA。以此表示連接都市間的途徑。

各都市的DNA序列和各途徑的DNA序列，在試管中使其反應，結果互補的要素互相結合，生成表示都市與都市相連途徑的DNA分子。

其中，只要含有一次各都市

的DNA分子，就是正確解答。

雖然現在的電腦處理每一份資料的速度相當的快，但是，對於必須進行並列處理的問題就不敷使用了。

例如，與漢米爾頓途徑問題同樣需要進行並列處理的「巡迴業務員問題」（拜訪複數都市一次，請問其最短的途徑）。即使利用超級電腦解答這個問題，大概也需要花費數百億年的時間。然而，如果使用DNA電腦，則能夠以比其快數百萬倍的速度解答問題。因此，將會成為新一代的電腦，應用在各範疇中。

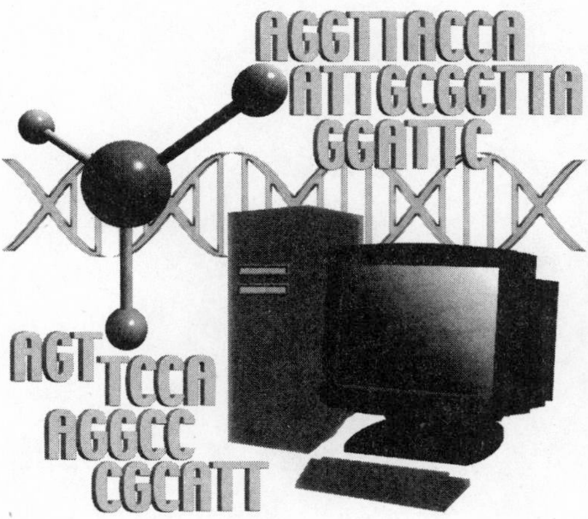

第2章

操作基因複製生命「複製技術」的最前線

☆ 讓過去的人物出現在現代的體細胞複製
☆ 動物工廠、植物工廠是什麼樣的工廠呢？
☆ 何謂使用複製技術的再生醫療？
☆ 長毛象能在 21 世紀復活嗎？

1 二種複製的方法

☆已經實用化的受精卵複製和技術提升的體細胞複製

✣阿米巴原蟲或馬鈴薯都可以複製已經成為一般常識

「在三點鐘開會前要做好報告書……」

時間很緊迫，但作業卻遲遲無法進行。如果能再多一個我，那該有多好……。相信大家都有這樣的經驗。出現一個臉形和自己一模一樣的另一個自己，似乎是科幻小說或童話中的題材。具有完全一樣的姿態，表示DNA相同。不過，二個人巧合的擁有相同的DNA序列，這是不可能的事情。因此，要求出現一個與自己一模一樣的人，就要根據自己的DNA製造出新的人。亦即所謂的複製。

生物學將擁有相同DNA的個體稱爲複製人。單卵孿生子也是複製人。人類以外的生物，尤其是原始生物的複製是理所當然的。例如**阿米巴原蟲**等單細胞生物，會進行細胞分裂而增殖。沒有雄性或雌性之分，屬於無性生殖，因此，親子的DNA相同。複製這個字的語源來自於希臘文的klon（小枝），是植物學的名稱。以馬鈴薯爲例，不只是藉著花製造種子來繁衍子孫，同時也可以由**母株**生出芽而增殖。若是後者，則親子就是擁有相同基因的複製馬

Science memo

阿米巴原蟲　根足蟲綱原生動物的一群。單細胞生物，直徑約0.2毫米。會變形，伸出偽足移動以攝取食物。其名稱源自於希臘文會變化之意。

受精卵的複製

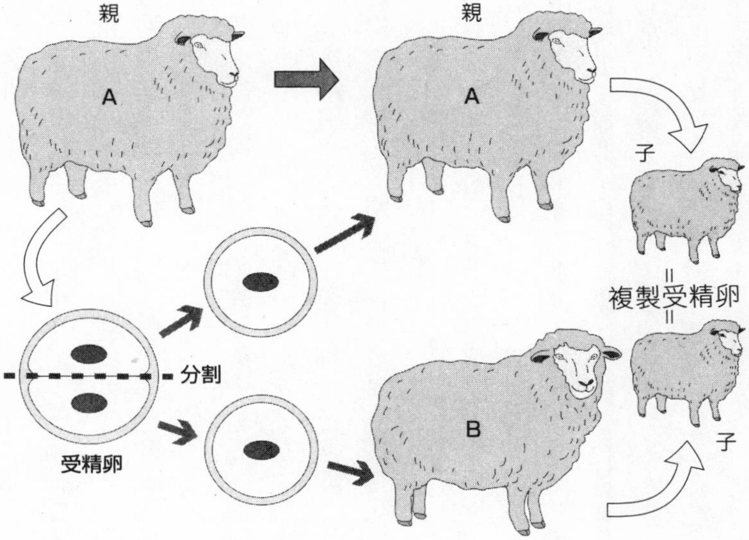

鈴薯。

✣人為的複製技術

複製有二種方法。一種是在受精卵時增加的方法。亦即以人工的方式製造出雙胞胎、三胞胎。另一種是從成長的個體細胞中抽出DNA，利用這個DNA複製個體。

前者稱爲受精卵複製，在畜產界，利用牛等來進行。後者則稱爲體細胞複製，技術較困難。因爲最初的體細胞複製而一躍成名的就是桃莉羊。

Science memo

母株　分株前的原株。在營養生殖方面，成為母體的植物體。

✣桃莉羊的誕生

一九九七年二月，誕生了世界最早的體細胞複製羊桃莉。與以往的受精卵複製不同，由於能夠從體細胞進行複製，所以震撼全世界。可以利用體細胞進行複製，意味著可以複製出擁有與已經長大成人（或死亡）的英雄或天才科學家相同基因的人。

以下就來探討複製體細胞的技術。首先，從想要複製的個體中取出體細胞。桃莉羊使用的是乳腺細胞。從乳腺細胞中取出核，再移植到事先去除核的卵子中。將這個卵子植入代理孕母的子宮內。

桃莉沒有父親，但是，提供**乳腺細胞**和提供卵子以及借貸子宮的母親，共有三隻，全都是桃莉的母親。

受精卵是一個細胞，反覆分裂，形成全身的細胞。亦即可以成爲任何器官的細胞。不過，體細胞是已經對特定部位發揮作用的細胞，也就是特定出來的細胞，再次恢復最初的機能。複製體細胞的困難處就在於此。桃莉羊的成功，證明了這並非不可能的事。然而，根據報告顯示，桃莉基因的發生形態出現異常，今後必須持續觀察研究。

桃莉的名字取自於美國歌手桃莉·巴頓。也許是因爲她極具魅力，故以其名字來爲複製羊命名的吧！

Science memo

乳腺細胞　分泌乳汁的腺細胞。與其他體細胞同樣會分化。通常分裂時只有乳腺細胞會增加。桃莉羊就是從乳腺細胞產生的。

由3隻母親所生下的桃莉羊

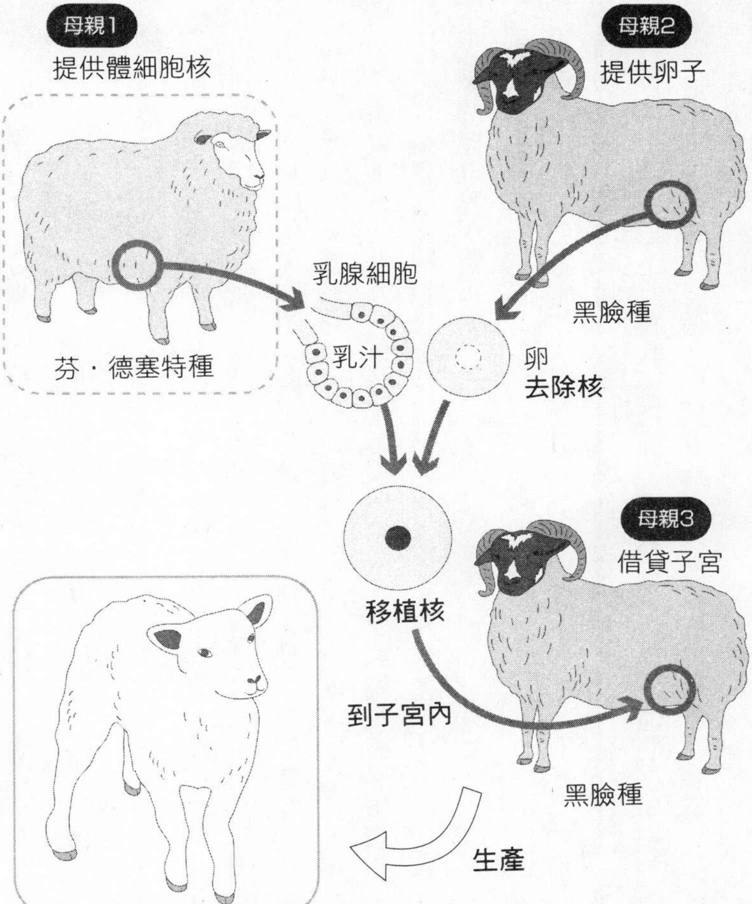

誕生桃莉羊！

桃莉羊是芬・德塞特種，可以知道是利用母親１的體細胞複製出來的

2 我們可以適應複製技術產生的人類嗎？

☆除了技術之外，還有倫理、法律等方面的問題需要釐清

✣複製人類的體細胞很簡單嗎？

自從桃莉羊誕生之後，陸續開始複製牛或羊等各種哺乳類的體細胞。接著，大家想到的是能否應用在人類身上。在技術上，這是可以辦到的。因爲昔日其他哺乳類成功的生殖醫療，幾乎都可以**適用於人類**。科學家認爲，人類的卵子甚至比老鼠的更容易處理。只要獲得許可，立刻就可以進行人類的體細胞複製。事實上，一九九八年時，韓國已經將人類體細胞核移植到卵子中，同時持續觀察到這個細胞分裂爲四個爲止。如果將其植入子宮，也許就可以誕生人類的體細胞複製人。

✣製造複製人會引起什麼問題？

技術上可以辦到的體細胞複製，潛藏著許多問題。例如，原始者和複製人具有相同的基因，那麼，這二人到底算是什麼關係呢？二人生存在同一時代，即使DNA相同，也不能將其視爲同一個人物。可以說他們是年紀差距較大的雙胞胎兄弟（或姊妹）嗎？一旦原始者過世，複製人還活著時，又該如何處理這個問題呢？

Science memo

適用於人類　例如試管嬰兒等不孕治療，全都是先利用人類以外的哺乳類確認有效後才應用在人體上。

原始者與複製人的關係

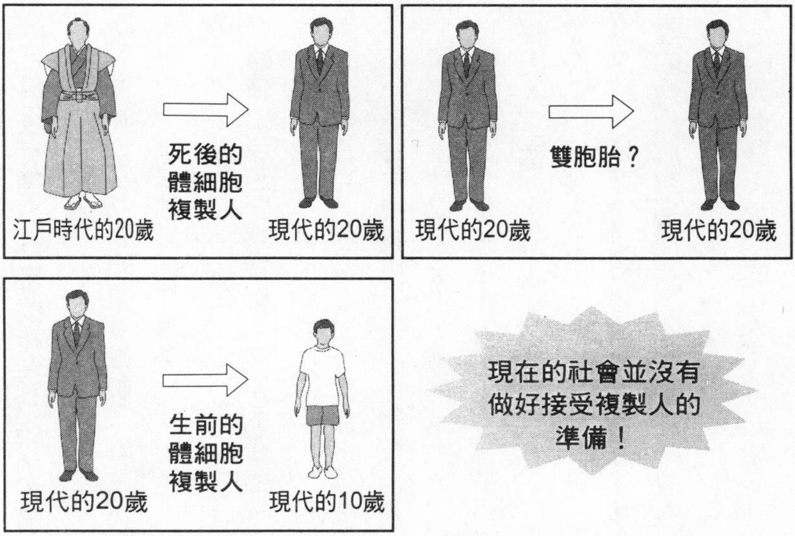

很多人希望擁有複製人的理由是「希望過世的孩子復活」。這類例子不勝枚舉。

如果擁有相同的DNA，但是，出生的經驗不同，是否可以視為另外一個人呢？同一個人在**十歲與三十歲**時的經驗不同，是否可以視為兩個不同的人呢？還有經驗的連續性的問題存在。那麼，我們所謂的同一人物，到底又是什麼樣的人呢？這應該不是屬於科學的範疇，而是哲學的問題了。

Science memo

10歲與30歲　製造人體的原子或分子約半年會交替，所以經過20年可以說是完全不同的物質。

✣得到許可與沒有得到許可的複製技術的交界點

在技術層面可以做到複製，但是世界上許多國家的政府卻「不許可」。因爲這具有生命倫理上的問題。複製人的誕生，對於人類的精神、社會、宗教等方面會帶來無法估計的影響。

事實上，自從桃莉羊誕生之後，美國政府已經凍結複製人的研究。另一方面，卻陸續出現想要讓複製人誕生的學者或加入製造複製人行列的新興宗教團體等。當然也有很多團體提出反對的聲浪。二〇〇一年七月，美國眾議院通過禁止法案，禁止複製人，以及禁止開發從人類的複製胚胎中讓組織或器官的一部分**再生醫療技術**。這些複製技術將可成爲有希望的再生醫療而備受矚目。因此，當然渴望全世界都能夠允許這種行爲。然而，美國之外的各國政府和醫學相關人員，今後將會以何種態度來面對這個問題，令人擔心。

✣製造複製人，需要法律做為後盾

人類體細胞複製人的誕生，會出現法律方面的問題。例如，原始者留下的財產，複製人是否可以直接繼承呢？繼承後是否要課稅呢？如果從昔日某位大富翁的體細胞製造出複製人，那麼，複製人是否可以主張自己具有繼承遺產的權利呢？是以本人、兄弟或子女的身份來繼承呢？到底該怎麼做比較妥當呢？一旦允許複製人的存在，就必須釐清法律方面的各種問題。

Science memo

再生醫療技術　以184頁所解說的使用ES細胞的醫療等為其代表。

法律上是否允許複製人？

在2001年6月實行的複製人技術限制法

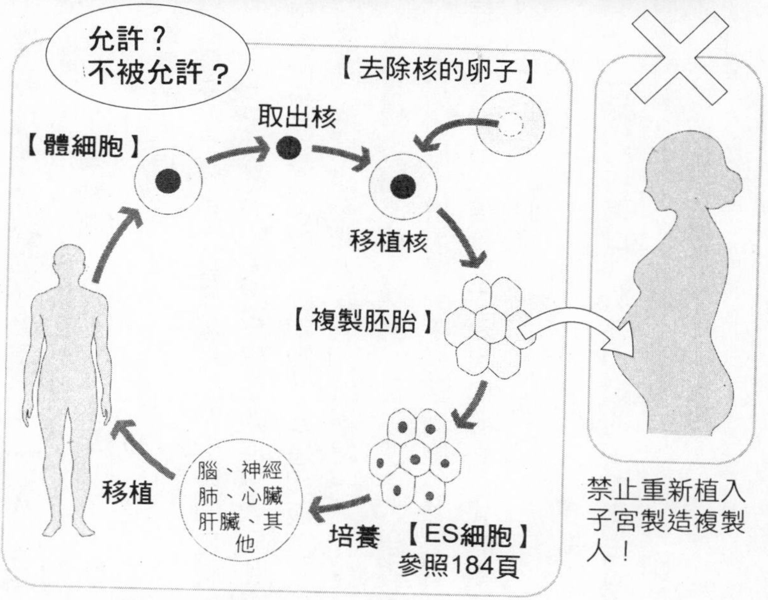

身體的一部分確認可以再生。

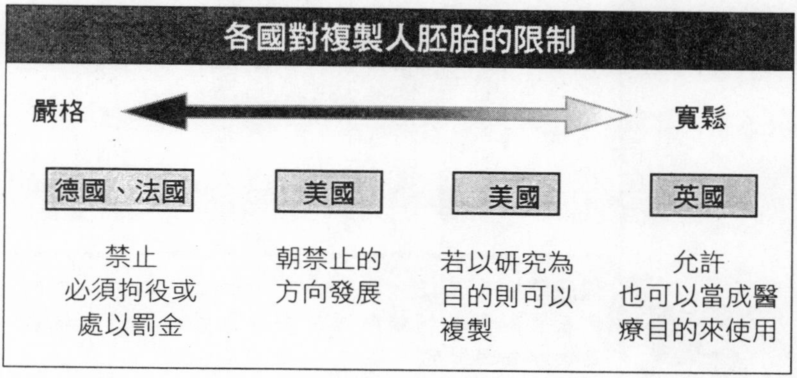

3 複製技術的醫療應用①「人造皮」

☆培養人類細胞，製造出像真正皮膚一樣有治癒力的皮膚

✣克服昔日弱點的人造皮

你聽過人造皮嗎?就是在**膠原蛋白**上貼上硅的皮膚。硅的皮膚不像人類一樣具有治癒力，所以過去的人造皮壽命非常短，而且容易劣化。

然而，現在已經開發出培養人類細胞、製造出與真正皮膚完全相同的「培養真皮」的皮膚。這是利用酵素採取人類細胞中具有發達性要素的細胞「纖維芽細胞」而大量培養出來的。另外，從牛皮中取出膠原蛋白這種蛋白質，製成海綿狀的薄片，撒上增殖過的纖維芽細胞，給予培養液，同時以牛的膠原蛋白爲基礎，培養出「培養真皮」。依培養方式的不同，甚至可以從指甲般大成長到游泳池般大的面積。

如此一來，就能使皮膚具備原有的治癒力。受傷時，活力細胞可以釋出細胞增殖因子，自然治癒傷口。藉著人類的手所產生的人造物，能夠再生出真正的皮膚。

Science memo

膠原蛋白　廣泛分布於皮膚、肌腱、韌帶、骨骼和軟骨等動物結締組織的一種硬蛋白。約佔構成動物體蛋白質的一半。

培養真皮的製作方法

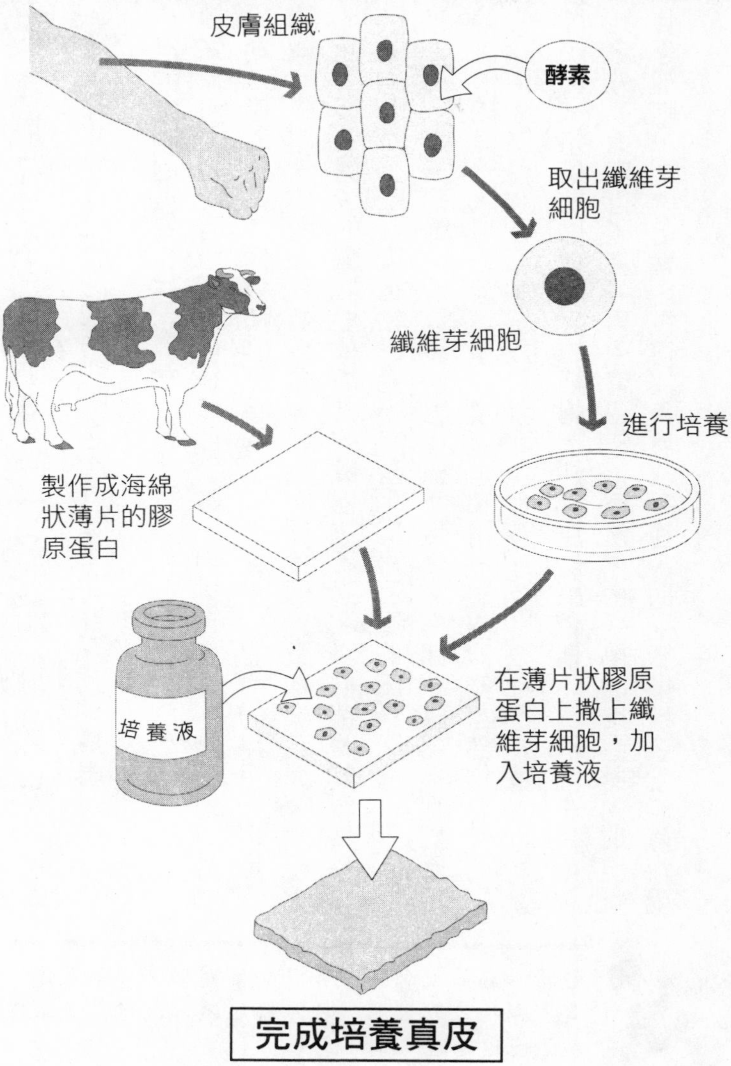
皮膚組織
酵素
取出纖維芽
細胞
纖維芽細胞
進行培養
製作成海綿
狀薄片的膠
原蛋白
在薄片狀膠原
蛋白上撒上纖
維芽細胞，加
入培養液
培養液
完成培養真皮

4 複製技術的醫療應用② 「移植臟器」

☆使患者的細胞增殖，製造不會產生排斥反應的臟器

✣利用自己的細胞製造自己的臟器

移植臟器的手術時有所聞，但是，卻經常出現排斥反應。當自己以外的細胞組織進入體內時，人體會將其視爲異物，發揮加以去除的作用。這是一種自我防衛的機制。然而，移植臟器等手術，卻會因爲這種機制而產生極大的問題。想要移植健康的臟器取代異常的臟器，不過，身體卻將其視爲異物而無法接受。因此，現階段正在研究不會產生排斥反應的臟器。

目前正在研究讓細胞增殖以製造出目標的臟器。亦即在臟器模型周圍讓細胞增殖，形成臟器，再去除模型。模型是利用在體內能夠自然被分解的物質做成的。事實上，利用這種方法，將製造出來的膀胱移植到犬體內的實驗已經獲得成功。如果是患者本身的細胞，則排斥反應較低。

除此之外，還盛行研究「再生醫學」治療法。由受傷的患者體內取出骨骼或**軟骨**等細胞，經過培養之後再注入患部。注入的細胞增殖，就能修復受傷的部位。

Science memo

軟骨　關節或鼻子、背骨的椎間盤、耳朵等處，具有彈性及韌性的一種結締組織。就像章魚或花枝等發達的體組織一樣。

可能再生的組織

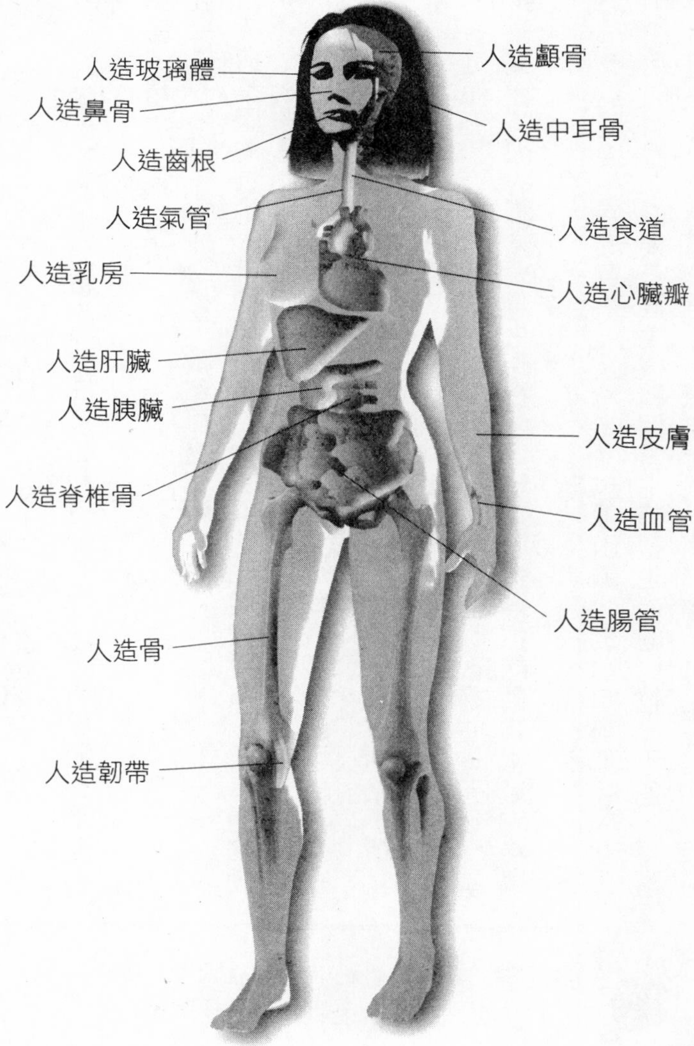
人造顱骨
人造玻璃體
人造鼻骨
人造中耳骨
人造齒根
人造氣管
人造食道
人造乳房
人造心臟瓣
人造肝臟
人造胰臟
人造皮膚
人造脊椎骨
人造血管
人造腸管
人造骨
人造韌帶

5 今後可以預料的複製技術的應用例

☆從大量製造動植物到絕跡種類的復活等，應用範圍極廣

✣動物工廠、植物工廠登場

複製技術的應用，包括動物工廠和植物工廠。

利用改造基因的技術，就像製造有用物質似的，能夠製造出改良過的動物或植物，大量培養並進行生產。

例如，取出合成聚酯微生物的基因，移植到稻子體內，使其葉和莖擁有儲存塑膠的機能，大量栽培這種稻子，這就是植物塑膠工廠。這種稻子所生產的塑膠，與由石油製造出來的塑膠不同，具有能夠回歸土壤的優點。

此外，就像能夠產生含有藥用成分的乳汁一樣，可以改造牛的基因，或是使用移植某種基因的蠶，大量生產抗癌劑等，製造各種的動物工廠和昆蟲工廠。

然而，改造基因相當的費事，技術方面也很困難，**成功率**很低。因此，出現一個成功的個體，再大量複製這種個體，將是生產的捷徑。不過，現階段複製動物體細胞的成功率非常低。想要實現這個目標，恐怕還需要一段很長的時間。

Science memo

成功率　利用現在的技術，植入體細胞DNA的數百個卵子中，只要有1個能夠成功就很棒了。

動物工廠的構造

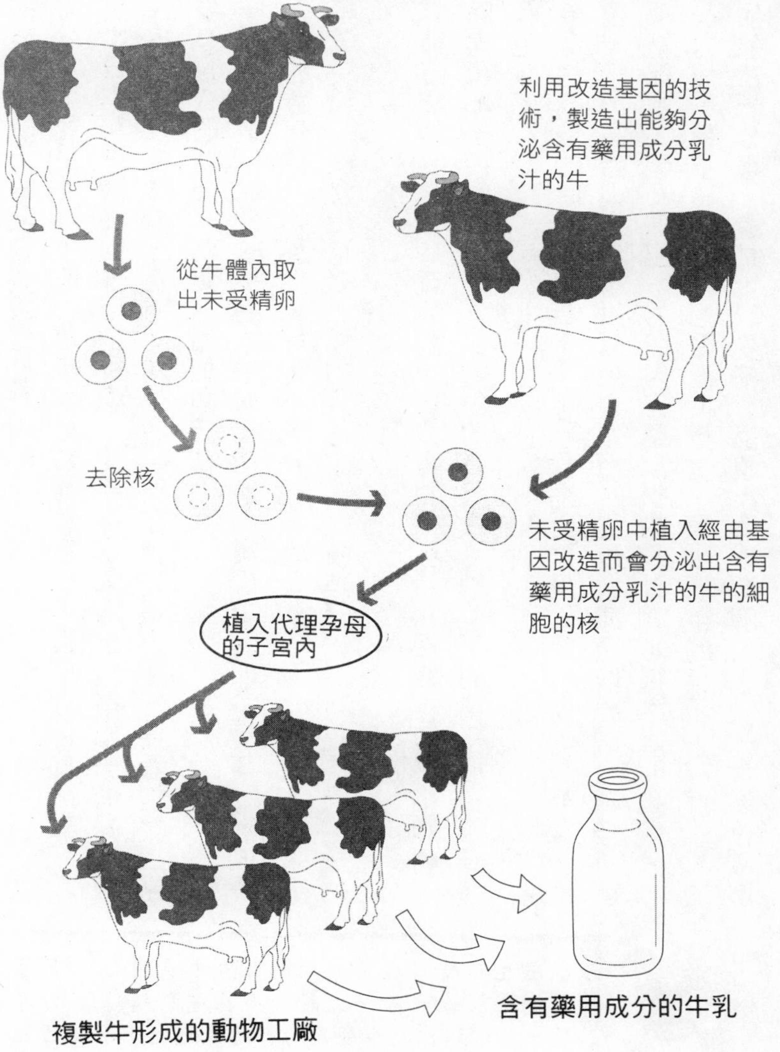
利用改造基因的技
術，製造出能夠分
泌含有藥用成分乳
汁的牛
從牛體內取
出未受精卵
去除核
未受精卵中植入經由基
因改造而會分泌出含有
藥用成分乳汁的牛的細
胞的核
植入代理孕母
的子宮內
含有藥用成分的牛乳
複製牛形成的動物工廠

✣日俄攜手合作進行長毛象復活計畫

目前日本正著手進行，使一萬年前絕跡的長毛象，再度復活的計畫。這是由日本和俄國共同進行的計畫。使用由**永久凍土**挖掘出來的長毛象的ＤＮＡ，利用複製技術，企圖使其復活。現在有二種方法，要看挖掘出來的長毛象ＤＮＡ的狀態來決定採用何種方法。

第一種方法是，從公的長毛象中取出精子，與母象的卵子受精，形成長毛象和大象的雜交種。如果運氣好生下的長毛象是母的，則再取出卵子和長毛象的精子受精，就會生下七五％的長毛象。反覆進行，即可提高長毛象的精確度。

第二種方法是，六十二頁解說的仿造複製羊桃莉，採取複製體細胞的方法。去除大象卵子內的核，注入長毛象的ＤＮＡ，則生下的第一個孩子一〇〇％是長毛象。

長毛象性成熟的時間需要七~八年，若是要再生一〇〇％的長毛象，前者要花幾十年，後者則立刻可以誕生。然而，從永久凍土取出的一萬多年前的長毛象組織中，想要取出一〇〇％完整無損的ＤＮＡ是很困難的事情。

另一方面，精子確實能夠忍受溫度變化。像牛或羊的精子，在九十℃的溫度下加熱三十分鐘，還是可以受精。反覆冷凍或熔解二十次，也不會破壞

Science memo

永久凍土　持續數年夏天的溫度也在0℃以下而凍結的土壤或岩石。大約分布在高於緯度50度的地區。通常厚達數十公尺，有的還超過一千公尺。

二種長毛象復活計畫

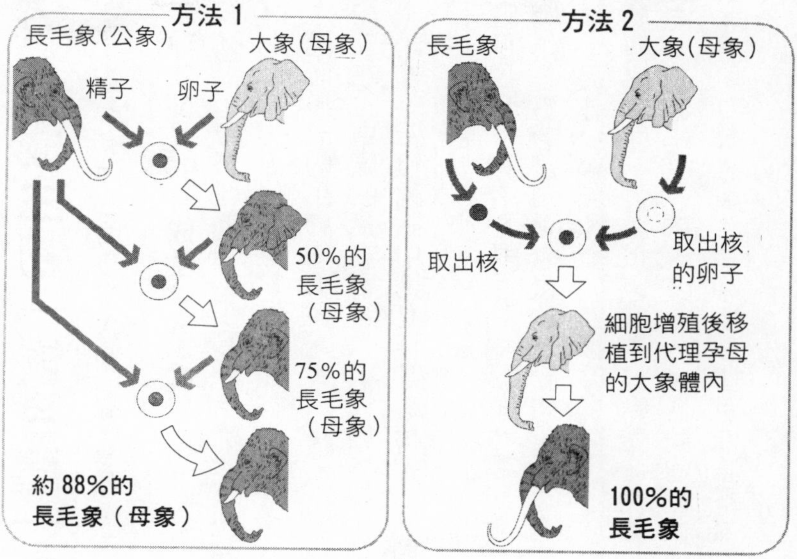

精子的DNA。

換言之，實際得到的長毛象DNA，從精子中取得的可能性較高，所以**第一種方法**的成功率較高。

除了長毛象之外，目前各機構尚在研究塔斯馬·尼亞狼、老虎等絕跡或瀕臨絕跡的動物的再生計畫。

Science memo

第一種方法　體細胞內存在二組的基因組，精子內則只有一組，所以可以使其受精。

6 合成生物「嵌合體」與「雜種」？

☆所有細胞的DNA相同是雜種，不同則是嵌合體

✣擁有二種DNA的合成生物嵌合體

頭像猴子，身體像狐狸，手腳像老虎，尾巴像蛇，叫聲卻像畫眉鳥。這就是相傳由日本的源賴政所擊退的怪物。古今中外，都有類似這種由某些生物合成之後而形成的生物的傳說。

例如，在古中國的怪譚書籍『山海經』中，記載了各種堪稱爲合成生物的妖怪。此外，希臘神話中則有怪獸奇梅拉，其頭像獅子、身體像羊、尾巴像蛇，口中則會吐火。

一個個體中，擁有數種生物組織的生物，就像怪獸奇梅拉一樣，稱爲嵌合體。例如，白老鼠和黑老鼠的嵌合體是雜斑老鼠，山羊和野羊的嵌合體則是雜種羊。另外，鵪鶉和雞也有嵌合體。

至於植物方面，自古以來就有嵌合體。例如，蘋果接在海棠等的台木上進行**接枝**，就是其中一種。因此，嵌合體的每個細胞屬於原有的某種生物所有，並非重組DNA。生殖細胞原本就來自於某種生物，所以子女也是普通的生物。

Science memo

接枝　切斷某植物個體的芽或枝，連接在帶根的其他個體的莖等部分，使其存活。像果樹栽培等，就會進行接枝。不過，必須是近親植物才能進行接枝。

嵌合體的構造

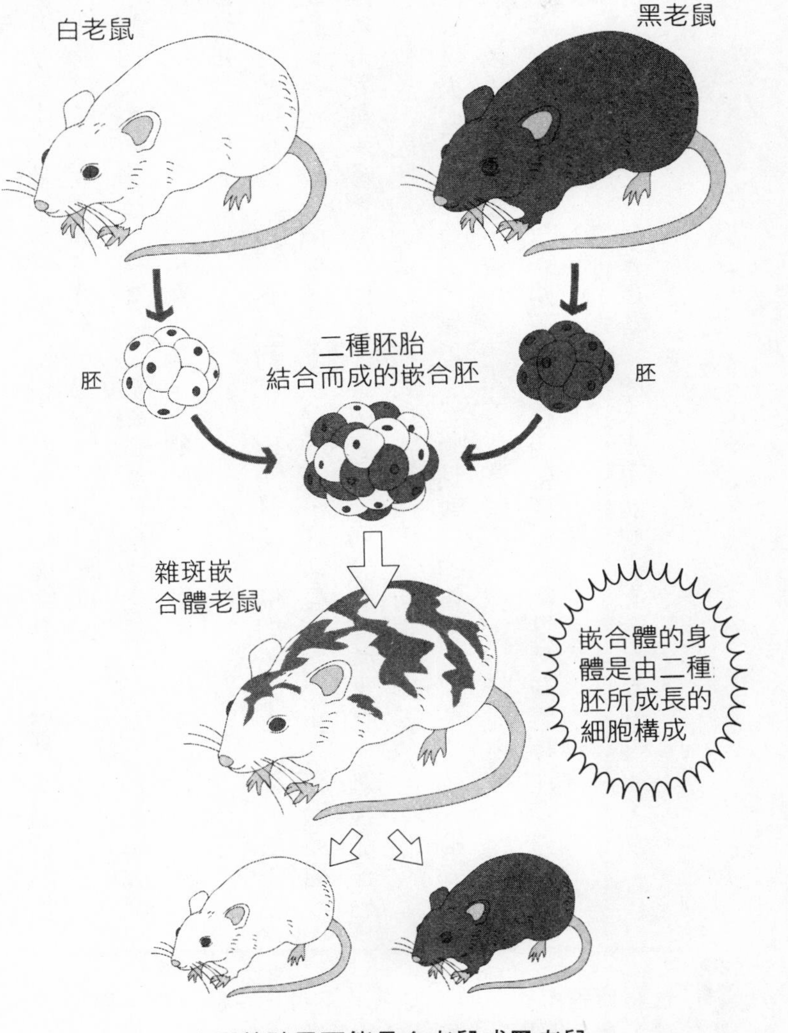

生下的孩子可能是白老鼠或黑老鼠

✣何謂雜種

擁有原始生物基因的數種細胞組合而成的是嵌合體，如果是基因本身互相組合則是雜種。該個體的所有細胞中都有相同的ＤＮＡ。

舉幾個代表的例子。例如，公豹和母獅交配生下的豹獅；公獅和母虎交配後生下的獅虎；公虎和母獅交配生下的虎獅；公驢和母馬交配後生下的騾等，都是雜種的代表。

和嵌合體同樣的，植物界以前就出現過雜種。例如，讓不同種的稻子結合形成的雜種稻，以及蘋果、橘子或葡萄等，許多農作物交配，經過品種改良後形成的雜種（參照八十四頁品種改良）。所謂雜種強勢是，雜種品種極強，產量較多。因此，這項技術在農作物的栽培方面相當普遍。

問題在於，Ｆ１（第一代雜種）是優點較多的雜種，但是Ｆ２（第二代雜種）之後，**性質參差不齊**，有的甚至無法繁衍子孫，不能成爲商品作物。因此，農家每年都必須重新購買種。種苗廠商或穀物批發商要投注全力開發優良的雜種，理由就在於此。

此外，令人擔心的是，這些廠商未來可能會支配全世界的農業。

Science memo

性質參差不齊　F1中隱藏的基因，在F2以後被發現，會產生具有各種性質的個體。

雜種的構造

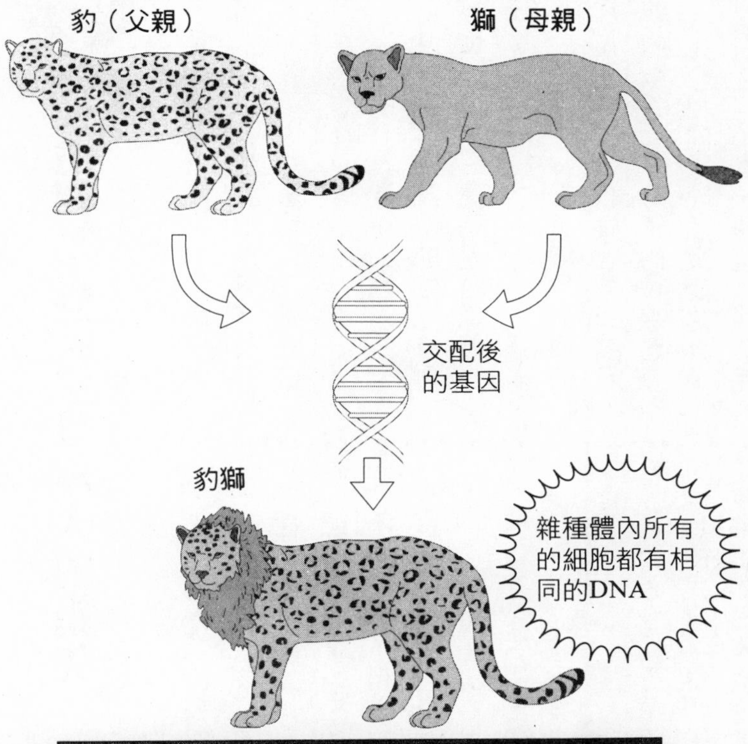

各種的雜種（雜交種）

父親		母親		雜種
獅子	＋	老虎	＝	獅虎
老虎	＋	獅子	＝	虎獅
驢子	＋	馬	＝	騾
馬	＋	騾	＝	騾馬
鴨子	＋	台灣鴨	＝	東保安鴨

專欄2

從遺傳訊息了解日本人的祖先

父傳子、子傳孫，代代相傳的遺傳訊息，只要追溯其本質DNA，就可以知道昔日成謎的日本人的根源。

人類的DNA有二種系統。一種是本書再三說明的細胞核內的DNA。另一種則是粒線體DNA。

核內的DNA是繼承父母的DNA。粒線體DNA則只繼承母親的DNA，母子的粒線體DNA完全相同，除了突變之外，不會有任何改變，所以，可以用來調查人類的根源。

另外一條線索是，存在於男性Y染色體（核內）的Alu這種鹼基序列。Alu序列的機能目前不得而知，但是，因人種的不同而有特徵，藉此可以了解系統。

解析這些DNA的結果，再與以往考古學的見解綜合起來，就可以描繪出日本人誕生的故事了。

距今約五萬年前，在西藏附近的民族，從中國經由朝鮮半島移動到日本列島。他們散居在北海道至琉球為止的廣大境內，燒製表面有繩紋的土器使用，即現在所謂的繩文人。

時代慢慢的推進到距今二千三百年前，來自東南亞的另一民族，經由中國、朝鮮，來到了日本。他們將居住範圍再擴大到本州，成爲後來的彌生人。

後來出現的繩文人和彌生人的混血種，即現在的日本人。

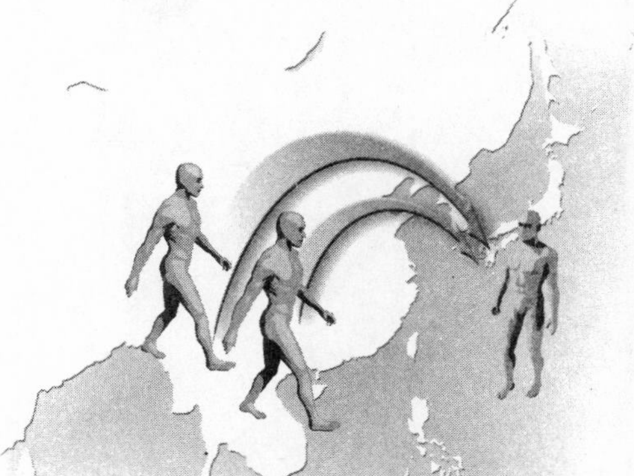

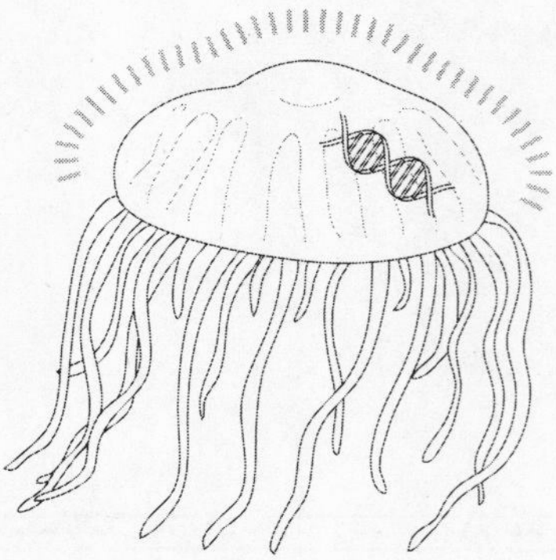

第3章

持續進化的
「改造基因技術」

- ☆ 解救第三世界糧食危機的日本人？
- ☆ 育種和操作基因的決定性差距？
- ☆ 剪接ＤＮＡ的漿糊和剪刀？
- ☆ 中學生也可以進行基因改造嗎？

1 人類進行品種改良的漫長歷史

☆餐桌上許多食材都不是「自然食材」

✣具有數千年歷史的品種改良

在探討動物、植物或人類基因改造的問題之前，先來看看動植物**品種改良**的歷史。因爲基因改造是在自古以來進行的品種改良的延長線上的技術。當然，昔日的品種改良和基因改造之間具有很大的差距。不過，要知道其間的差距，首先，必須了解何謂品種改良。

擺在餐桌上的魚、肉、蔬菜、穀物、水果，其中到底有哪些是真正「自然」的食物呢？也許一般人認爲全都是來自大自然的恩惠，但是按照「自然」這個名稱的定義來看，這些都不算是自然的食物。不經人工的野生植物才是「自然的食材」。那麼除了魚貝類之外，其他的都是人造食物嗎？

例如，現在爲了食用而飼養的牛、豬或雞等，全都是人類經由品種改良製造出來的品種。其證據是，將這些生物放生到野外，就無法生存。像野菜這個名稱，雖然有「野」這個字，但是，超市銷售的各種蔬菜，並非在野地生長的。全都是人類長年進行品種改良而來的。

水果和穀物也一樣。國人的主食稻子等，就被大幅進行改良。一般而言，

Science memo

品種改良　目標品種經由交配或篩選（系統分離或純系分離），以人工的方式製造出來，改良現在的種。

何謂自然的食物？

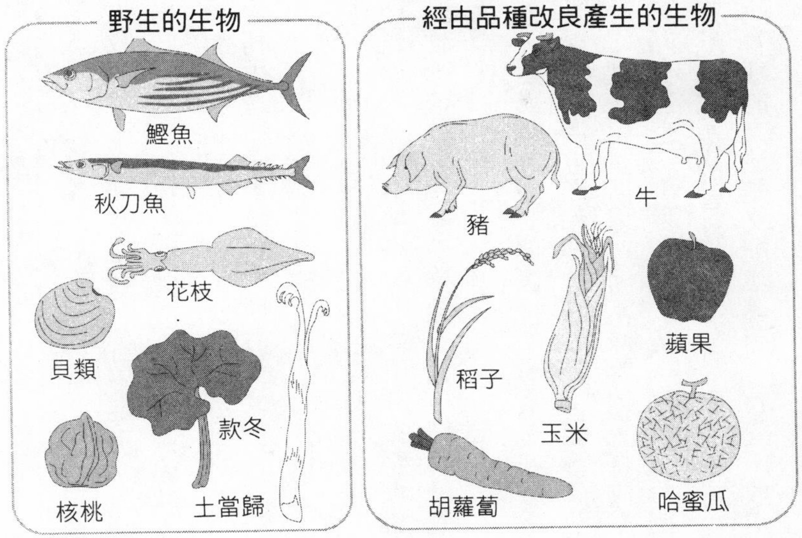

植物結成種子之後，會落在地上繁衍子孫。然而，稻子結穗時只是下垂，並未落在地上。這是人類爲了採收方便而加以改良的結果。日本費時一千多年，持續改良成適合當地風土的稻子。

結果，食用的野生植物只有自己從山上採摘下來的山菜而已。

目前我們還可以吃到很多野生種的魚類，但是大家應該知道，**養殖物**已經大量增加。

Science memo

養殖物　海水魚中的鯛魚或比目魚等不常活動，可以成功的加以養殖。鰹魚或鮪魚等迴游魚，就很難養殖。

✣解救糧食危機的稻塚權次郎

「某人與某人偷偷的躲在麥田裡　這樣也不錯　雖然我沒有戀人　但是總有一天我會和某人一起躲在　麥田裡」

這是一九六五年代的暢銷歌曲『某人與某人』。聽了之後，應該有人會懷疑，爲什麼要躲在麥田裡呢？如果是玉米田，就有很多人會接受。因爲年輕戀人會利用這種看不清楚的地方約會。

事實上，以前的小麥高約一五〇公分以上，比現在六十公分左右的小麥更高。變得這麼矮，是拜品種改良之賜。矮且壯碩，即使結再多的穗也不會倒下，穗也就不會腐爛。這是日本育種家**稻塚權次郎**在一九三五年所研發的「小麥農林十號」。「小麥農林十號」結實纍纍，收穫量爲以往的數倍，而且抗病性極佳。

另外，還具有許多其他優良的形質。在戰爭結束後的一九四六年，「小麥農林十號」遠渡重洋和美國的小麥交配，又改良爲更具優秀性質的品種，甚至遠赴印度、巴基斯坦、阿富汗等地，解決嚴重的糧食問題。現在日本小麥三十%以上都是「小麥農林十號」的子孫，在五十多個國家進行栽培。

✣反覆交配與篩選的育種

一般育種的方法是交配與篩選。首先，收集採收量多、耐病性高等具有

Science memo

稻塚權次郎（1897～1988）　育種研究家。農林技術家。1935年，在岩手縣立農事實驗場成功的培育出「小麥農林十號」。

小麥農林十號的出現

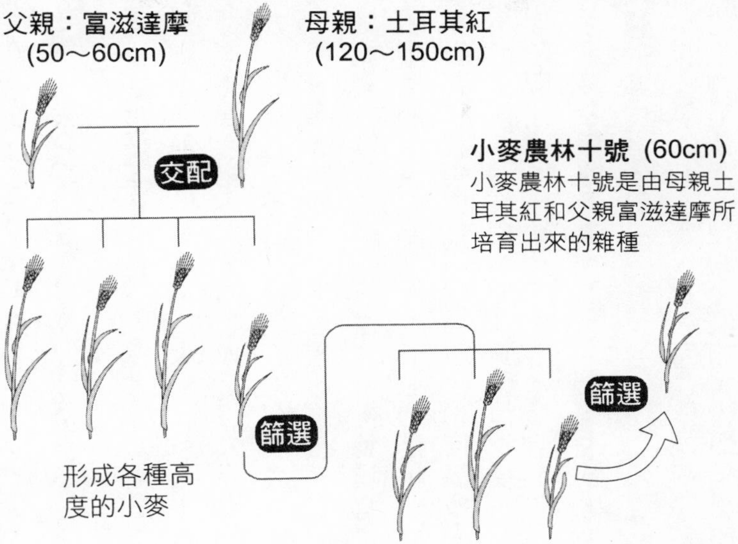

一些理想性質的作物，再與以往的品種交配，就會繁衍出各種子孫。接著，從中篩選理想的個體。反覆數次，即可誕生新的品種。

「小麥農林十號」的母親是「土耳其紅」，父親則是「富滋達摩」的F4（第四代雜種）。經過幾次栽培，才產生這個品種。藉著這種小麥子孫的普及，原本長到如人肩膀般高的小麥，最後**高度改變**成爲五十公分左右較矮的小麥。

Science memo

高度改變　「某人與某人」的原曲，指的不是小麥田，而是裸麥田。然而，現在裸麥也被改良成高度較矮的品種。

2 進步的品種改良技術

☆從基於偶然巧合的改良變成更積極的改良

✣放射線或細胞融合等新技術

自從數千年前開始有農業以來，許多八十六頁所說的品種改良，使得人類親手種植的農作物爆增，同時人口也大幅上升。

一九五〇年代，不必等待偶然的突變發現，利用放射線等，就能夠以人工方式引起DNA突變，收集理想的個體。基於這種方法，七十年代之後，確立了細胞融合等的技術，可以儘早得到具有目的的形質的個體，進行品種改良。經由細胞融合製造出來的代表植物是番茄馬鈴薯。一株苗可以同時結成馬鈴薯和番茄，曾經成爲熱門話題，相信很多人記憶猶新。

利用酵素使這兩種植物的細胞壁消失後，進行細胞融合，就會成長出具有新細胞的植物。地上番茄結實纍纍，地下則長出馬鈴薯。後來發現，番茄果實積存**馬鈴薯芽的毒素**，不能當成食用植物。

✣超越種的基因結合

界、門、綱、目、科、屬、種——這並不是在念咒語。就生物學而言，地球上的生物是依此分類的。例如，人類是屬於動物界、脊索動物門、脊椎

Science memo

馬鈴薯芽的毒素　化學名稱是茄鹼。馬鈴薯、番茄等茄科植物的芽中都含有這種生物鹼。大量攝取會出現嘔吐、腹痛、頭痛等中毒症狀。

番茄馬鈴薯的培育

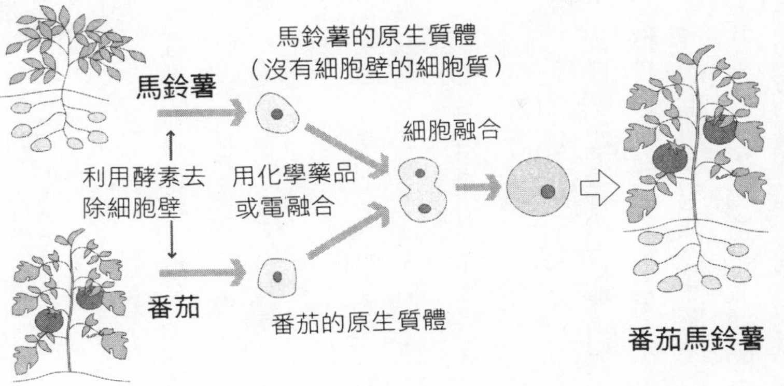

動物亞門、哺乳動物綱、靈長類目、真猿亞目、人類科、Homo屬、Sapiens種。黃色人種、白色人種、黑色人種，則是指Sapiens種中**再詳細分類**的人種。

種的定義是「互相進行有性生殖而得到的個體群」。換言之，雖然黃色人種、白色人種、黑色人種的膚色不同，但同樣是Sapiens種，所以能夠繁衍子孫。

原本種就是人類所決定的，所以相反的互相製造子孫，依然可以視為是同種人。我們所看到的雜種，全都是同種。由種混合而形成雜種。

然而，像番茄馬鈴薯，馬鈴薯是茄科、茄屬植物，番茄則是茄科、番茄屬植物。種和屬不同。亦即番茄馬鈴薯是利用細胞融合而已經超越種或屬的界限的植物。

Science memo

再詳細分類　幾代之間，一旦隔離之後，即使同種，在遺傳上也會出現不同的團體。這些可以再進行交配，不算是別種，稱為亞種。此外，即使是同種，但若是外觀明顯不同，則稱為變種。以人為方式製造出來的，稱為品種。

3 基因改造時代

☆以人工的方式讓生物進化的生物科技

✣將某一個種的特性植入另一個種中

經由交配或篩選而進行的育種，或是利用放射線、藥品的人工突變及細胞融合等。爲了尋求有用的新種，人類所進行的品種改良，最尖端的技術是基因改造。

目前基因改造是讓某種生物的DNA，和另一種生物的DNA結合的技術。例如，在玉米的DNA中，植入**蘇雲金芽孢桿菌（Bt）**細菌DNA的一部分，就變成Bt玉米。Bt會製造具有殺蟲性的蛋白質，玉米中則擁有這種基因。

基因改造和以往的育種，其決定性的差距就在於能夠按照最初的目的來製造種。昔日交配進行的育種，只能憑藉運氣。基因改造，則可以植入抗病性、高收穫量等配合目的的基因。另一點是，已經可以實現在自然狀態下絕對無法進行的重組。並非自然形成的，DNA讀取的構造A、T、G、C的組合，地球上任何生物都是共通的，所以，可以將動物的基因植入植物內，也可以將植物的基因植入動物內。

Science memo

蘇雲金芽孢桿菌（Bt）　土壤的微生物。Bt製造由1156個氨基酸構成的Bt蛋白質（內毒素），具有使害蟲失去食慾的效果。

育種與基因改造

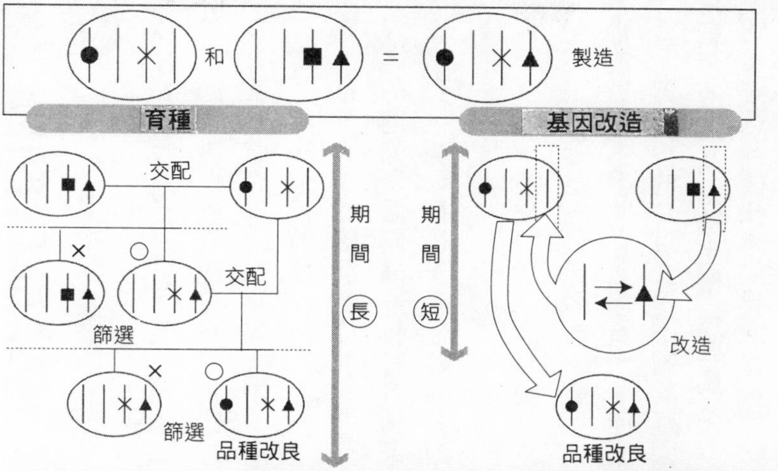

無法特定出基因，只好反覆進行交配與篩選，直到成功為止

能夠特定出基因，讓這個基因從一個品種移到另一個品種中

✣基因改造的危險性

自然界花費相當久的時間產生動物和植物。在這段期間內，確立了固定的種，而且衍生出不能夠和他種進行基因交換的構造。以人工的方式破壞這個構造，改造基因，當然可能會發生**出乎意料之外的事態**。尤其關於食品方面的基因改造作物，令人感覺非常的不安。

關於這些作物，第四章會詳細說明。

本章暫且不問基因改造的對錯，只解說基因改造（基因重組）的技術。

Science memo

出乎意料之外的事態　在偶然、巧合的情況下會產生出乎意料之外的蛋白質。當然也可能會產生具有毒性等的事態。

4 基因改造技術

☆不斷進步的DNA改變科技

✣剪接DNA的漿糊和剪刀

DNA的雙股螺旋直徑只有〇・〇〇〇〇〇二毫米。基因改造時，必須將這個DNA安置到另一個DNA中。用一般的顯微鏡根本看不到如此微小的物質，當然無法進行剪接。

因此，DNA的剪接需要特別的道具。DNA的剪刀是**限制酶**。具有各種不同的酵素。這些酵素能夠認識DNA的特殊序列，切斷DNA。代替漿糊的則是**連接酶**，使用的是DNA連接酶物質。

此外，DNA的改造不只是剪接，連導入的DNA也要運送到被導入的DNA中。負責運送的則是載體。載體使用的多半是能夠自由往返於細胞之間的病毒或質體（參照一七〇頁）。所謂質體，就是存在於細菌細胞內的環狀DNA。與有核的DNA是不同的基因。

✣利用細菌改造基因的土壤桿菌屬法

土壤中棲息各種細菌，其中有一種稱爲土壤桿菌屬，爲具有特殊性質的

Science memo

限制酶　存在於細胞內，分解外來DNA的DNA分解酶。現在已經發現性質不同的100多種的限制酶。參照131頁酶的註解。

土壤桿菌屬法

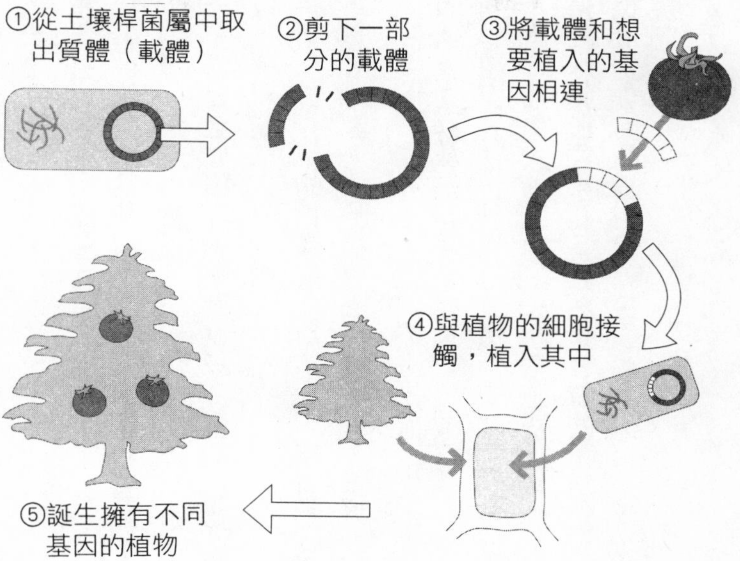
①從土壤桿菌屬中取出質體（載體）
②剪下一部分的載體
③將載體和想要植入的基因相連
④與植物的細胞接觸，植入其中
⑤誕生擁有不同基因的植物

細菌。土壤桿菌屬寄生於植物，使該植物製造出Opain這種物質，成爲其養分。

那麼如何讓植物製造出Opain物質呢？一九七〇年代，終於了解其結構。原來土壤桿菌屬會改造植物的基因。

土壤桿菌屬在細胞內擁有之前所說的質體，其中一部分進入植物的細胞內，重組適合自己的基因，使細胞產生變化。

事實上，人類最近開始進行的基因改造技

Science memo

連接酶　正如其名，就是讓DNA鏈末端相連的酵素。是改造基因不可或缺的物質。

術；是土壤桿菌屬在很久以前就採取的方法。因此，人類利用這種性質改造基因的做法，就稱爲土壤桿菌屬法。

✣強行植入DNA的微粒子槍法

微粒子槍法也稱爲基因槍法。亦即讓基因好像子彈一樣擊入細胞內的方法。

首先，備妥**金或鎢**等金屬微粒子，撒上想要導入的DNA，再利用高壓的氣體或火藥將其擊入細胞內。

與接下來所介紹的電穿透作用不同，不需去除植物的細胞壁就能夠導入基因。這是其優點。一旦植物去除細胞壁，則導入基因後的細胞生存率會偏低。

✣讓DNA滑入軟體的電穿透作用

也稱爲電穿孔法。利用酵素去除植物的細胞壁後，加諸有用基因及高壓電脈衝，將基因送入細胞內。去除細胞壁之後的物質稱爲原生質體。加諸電壓，使得細胞膜形成小孔。雖然是暫時的，但是，基因可以從孔中進入。最後再修復最初去除的細胞壁就算成功了。

Science memo

金或鎢　金的原子序號是79。非常穩定，幾乎不會產生化學變化。元素符號為Au。鎢的原子序號是74。元素符號為W。

微粒子槍法和電穿透法

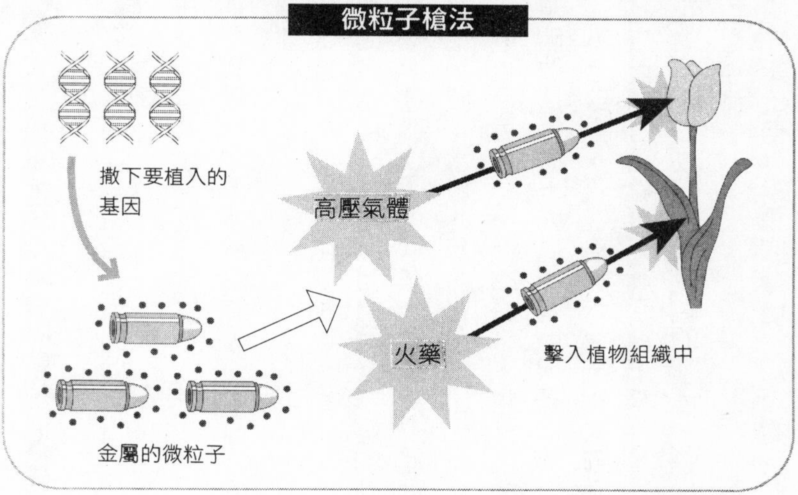
微粒子槍法
撒下要植入的
基因
高壓氣體
火藥
擊入植物組織中
金屬的微粒子

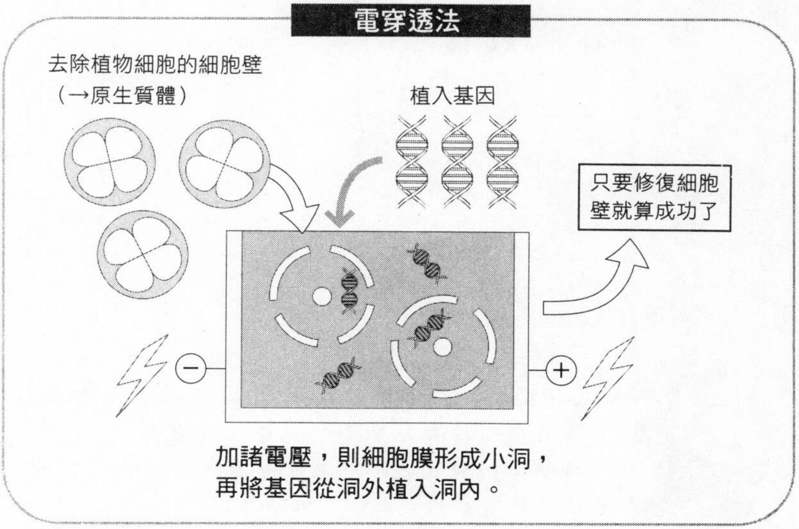
電穿透法
去除植物細胞的細胞壁
（→原生質體）
植入基因
只要修復細胞
壁就算成功了
加諸電壓，則細胞膜形成小洞，
再將基因從洞外植入洞內。

5 改造基因很困難嗎？

☆未來在中學的理科課程中可以進行基因改造嗎？

✣美國市售的「基因改造物品」

之前已經解說過基因改造技術。那麼，在進行中到底需要哪些設備、預算或技術呢？

基因改造，從簡單到困難都有。

簡單的包括像「利用載體將**發光水母**的基因植入大腸菌中，就能產生發光大腸菌」。這種技術可以在一般家庭中進行。

事實上，發光水母的基因在美國已經成爲一種道具，在市面上販賣。高中的實驗中也會用到。不久的將來，也許國內的中學或高中的理科課程中也會進行基因改造實驗。因此，基因或基因改造和我們非常的親近。

利用基因改造，現在已經培育出**藍玫瑰和康乃馨**。也許在不久的將來，不必到花店買，自己就可以動手做出來。

使花的顏色變成紅色或藍色的基因，是從其他花的ＤＮＡ中取出來的，外行人很難辦到。

不過，如果整包銷售擁有這些基因的載體，則接下來的操作並不困難。

Science memo

發光水母　發光細胞中的蟲螢光素是由蟲螢光酶這種酵素被氧化之後釋放出光來。實驗則是將會產生這種酵素的基因植入大腸菌內。

中學生也可以進行的基因操作

發光的大腸菌

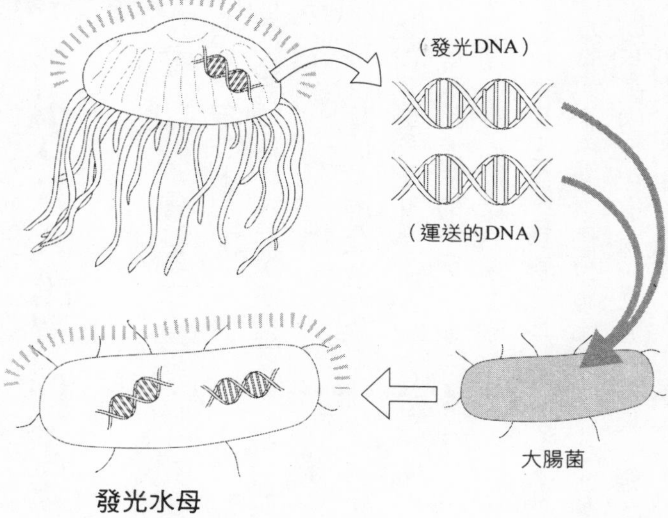

只要打開包裝，將載體放入浸泡於液體中的植物細胞內。雖然不是百分之百，但是成功的機率相當大。一旦普及、大量生產，價格自然會降低。

主婦或老人的趣味園藝，將來可能就會以改造基因爲主流，DNA或載體甚至成爲談論的焦點。

藍玫瑰和康乃馨　許多園藝家經過不斷的努力，還是認為不可能開出藍色的花。不過，只要利用基因改造，就能實現這個願望。

專欄3

利用DNA訊息探索生物的進化

在八十、八十一頁的專欄中曾經介紹過，嘗試利用DNA來探索日本人的根源。我們繼續探討下去……。

應該可以藉此了解直到人類誕生為止的生物的進化。

原始地球所產生的一個生命體，直到現在都被視為地球上所有生物的祖先。因此，調查二種生命的DNA，再看它們分歧出來、走向不同的進化道路，應該就可以了解事實真相。

在此要說明分子時鐘概念。

只要比較擁有同一個祖先的同種生物的DNA就可以了解。當種的距離愈大時，DNA的差距也愈大，所以鹼基序列的變化愈大，則表示種分歧之後的時間愈長。

換言之，鹼基產生變化需要花一定的時間。因此，調查DNA的差距，就可以知道這二個種是何時開始分歧的，此即分子時鐘。

利用分子時鐘比較人類與其他動物分歧的年代，結果發現，與黑猩猩分歧的年代是五百萬年前、與老鼠是一億年前、與魚類則是五億年前而開始走向不同的進化道路。

對人類以外的動物也進行研究。例如，面臨絕跡危機的西表虎，是廣泛棲息於亞洲的孟加拉虎的亞種。比較兩種虎某個基因的鹼基序列，結果發現在四〇二鹼基中只有二個不同。因此，可以知道這兩種是在二十萬年前開始分歧的。

第4章

就在身邊的「基因改造食品」的本質

☆ 基因改造食品真的安全嗎？

☆ 基因改造食品能夠解決糧食危機嗎？

☆ 生命或基因得到專利的經過？

☆ 在世界的祕境尋求原種的植物探索家

1 基因改造食品的登場

☆為什麼要操作穀物、蔬菜或家畜的基因呢?

✣解決糧食問題的王牌

目前，地球的人口約六十億人，世界穀物的總生產量每年約二十億噸。**二○五○年的估計人口**為九十億人，增加了三十億人。然而，**穀物的生產量**在一九八○年以後幾乎沒什麼變化。今後可能仍然會維持穩定狀態……。

基因改造科技的應用範圍適用於食品，即農作物或家畜類。例如，能夠在沙漠或寒冷地區生長的作物、收穫量較多的作物或能夠耐寒害及病蟲害的作物等。利用基因改造培育出這些作物，就能夠增加糧食生產量，避免今後可能會出現的糧食不足的問題。

✣從生產者的好處到消費者的好處

最初開發出來的基因改造作物，多半是對生產者有好處的作物。例如對於某種除草劑具有抗性的基因改造作物，撒上除草劑後，其他雜草會枯死，但是，這種作物不會枯死。因此，能夠迅速成長，而且收穫量較多。

此外，對於害蟲具有抗性的基因改造作物，或是會殺死吃掉作物的莖或葉的害蟲其幼蟲的作物等，這類基因改造作物相當多。

Science memo

2050年的估計人口　2001年，估計世界人口為60億。今後每年會增加9000萬人，所以到了2050年時，估計人口將會達到90億人。

消費者能夠接受基因改造嗎？

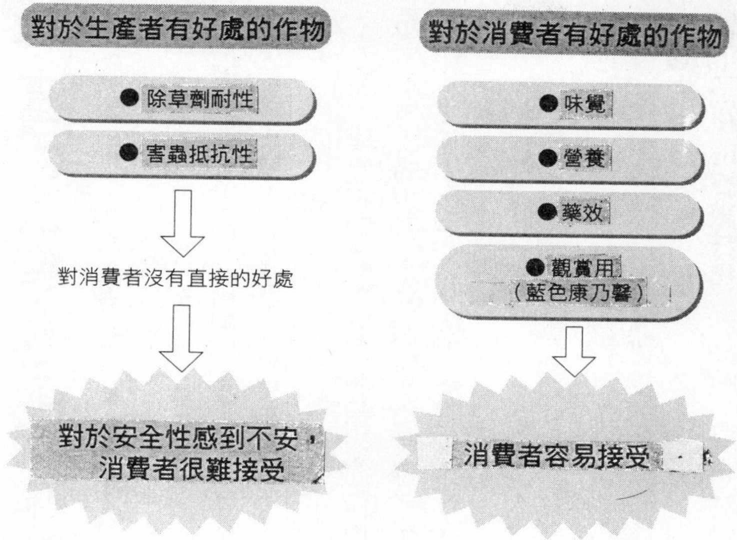

關於除草劑抗性作物請參照一〇八頁，害蟲抗性作物請參照一一〇頁的說明。兩作物爲了增加收穫量，進行技術改造。培養作物藉此提高收入，對於生產者有好處。

不過，消費者對於這些作物的評價不高（參照一二〇頁）。參照消費者的意見，最近培育出味覺和營養均佳，或是對疾病有效的基因改造作物。亦即大量開發對消費者有好處的作物。

Science memo

穀物的生產量 目前約為20億噸。從1980年開始，一直沒有變化，今後也可能不會突然增加。

2 基因改造食品的作法

☆不只是純粹的技術，也要開發保護企業利益的技術

✣藉著「不使其產生作用」而加諸變化的反向法

利用基因改造，以改變動植物性質的方法，有以下二種。

一種是藉著新導入的基因，製造出以往不存在於該種中的新的蛋白質，改變其性質。

另一方面，與此不同的，即抑制基因的作用，改變種的性質，稱爲反向法。如第一章所說的，DNA的訊息先轉錄到mRNA上，以此爲基礎，製造出蛋白質。反向法則是，封住轉錄的mRNA，植入製造其他mRNA的DNA。

如此一來，無法發揮作用的mRNA被新的mRNA阻斷，就無法合成原本應該合成的蛋白質。**許多的基因改造作物**都利用這種反向法。例如，耐保存的番茄「**香水番茄**」，就是抑制多聚半乳糖醛酸酶的合成，以防止果實變軟的作物。

✣不會留下子孫的終結技術

以下，我們站在開發基因改造作物企業的立場來探討這個問題。這類企

Science memo

許多的基因改造作物　低直鏈澱粉或低過敏原等，通常低○○等名稱的作物，都是採取反向法。

利用基因改造改變性質的二種方法

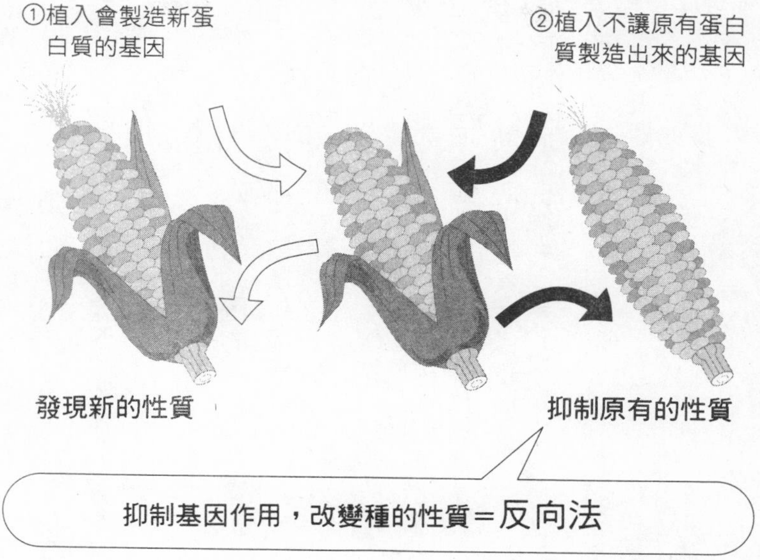
①植入會製造新蛋白質的基因
②植入不讓原有蛋白質製造出來的基因
發現新的性質
抑制原有的性質
抑制基因作用，改變種的性質＝反向法

業開發新的作物，同時將這些作物賣給農家等以謀取利益。不過，如果植物本身是利用種子栽培的，那麼，只要賣一次種子，就無法再從農家那兒獲利，而且農家也可能將種子轉賣出去。

藉著基因改造開發新種，需要耗費極大的成本。按照這種方式，當然無法作生意賺錢，於是想出終結技術。

終結意味著「結束」，就像電影『魔鬼終結者』中，阿諾史瓦辛

Science memo

香水番茄　是由卡金公司開發出來的。於1995年在美國銷售的番茄。是世界最早在市場上出現的基因改造作物。

格所扮演的生化人「魔鬼終結者」，企圖抹殺人類一樣。亦即讓人類到此結束，斷絕根源。熟悉電腦的人應該會聯想到SCSI等的終端機吧！電腦周邊機器能夠像珠串般相連的就是ＳＣＳＩ。最後部分安裝的則是終端機，亦即讓機械辨識到此結束的裝置。

基因改造作物的終結，意味著結束。那麼，要結束什麼呢？即這個植物的系統。換言之，植入終結基因的植物無法繁衍子孫。

因此，農家每年都必須重新購買種子。對於付出龐大的成本開發基因改造作物的企業而言，這是最好的自衛之道，然而，卻與藉著增加糧食生產以應付不斷增加的人口的基因改造作物，最初的理念背道而馳。

具體而言，將某種從**藥用植物**中取出的製造毒素的基因植入棉花中，結果開發出來的基因，雖然能夠讓第一代的棉花製造種子，但是，第二代的種子卻無法發芽，會製造出毒素而自殺。

✣基因改造作物所造成的不安

終結技術會造成企業支配農業，受到以第三世界為主的農家強烈批判，所以，目前尚未實用化。

另外，若是將擁有毒素的種子撒在地上，可能會對地底的細菌、昆蟲或鳥類造成不良影響。

Science memo

SCSI〔small computer system interface〕　連接各電腦與周邊機器的界面規格。能夠如珠串般連接到許多台周邊機器。

具有支配農業之虞的終結技術

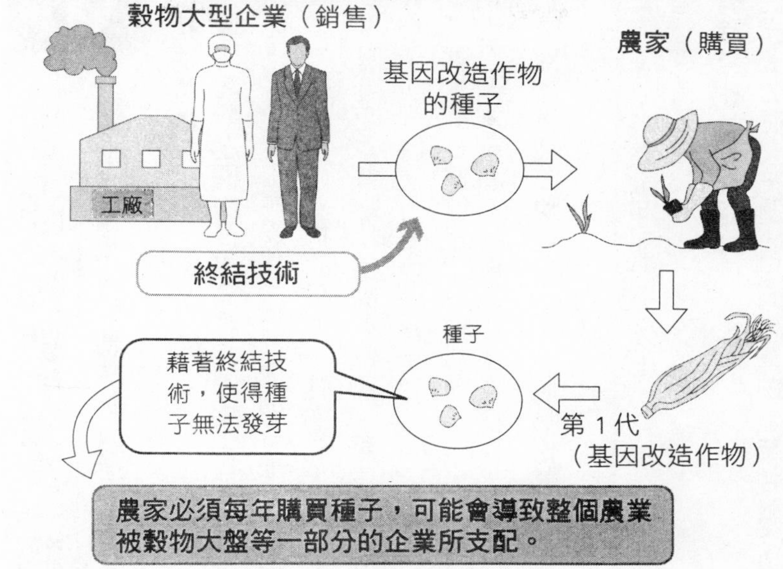
穀物大型企業（銷售）
工廠
終結技術
基因改造作物的種子
農家（購買）
第 1 代
（基因改造作物）
種子
藉著終結技術，使得種子無法發芽
農家必須每年購買種子，可能會導致整個農業被穀物大盤等一部分的企業所支配。

此外，花粉飛散使得基因擴散開來，對生態系造成影響，也令人擔心。

不只是終結技術，採取其他技術的所有基因改造作物，都可能對生態系造成影響。本書一二八頁將會再度探討這個問題。

Science memo

藥用植物　成為醫藥原料的植物。像自古以來漢方所使用的植物、日本獨特的植物及西歐的植物等。雖然是藥物，但是分量弄錯可能會成為毒。

3 世界上約佔半數的主食「稻子」的基因改造

☆增加收穫量、提高味道及營養價等都是可以辦到的

✣具有抗病性的稻子

有瑞穗之國之稱的日本等許多國家，都以稻米爲主食。稻米的原產地是在東南亞，歷經數千年，範圍擴及亞洲各地，而且擁有進行品種改良的歷史。

原本屬於熱帶性植物的稻子，經過先人的努力，現在於寒冷的地區也能夠生長，甚至可以栽培出美味的品種。稻子是非常重要的穀物，許多人致力於研究稻子，同時進行基因改造。

以下就介紹到底開發出哪些稻子。

最初開發的是具有病毒抗性的稻子。日本以前曾經流行稻紋枯病。栽培出的稻子對於這種疾病具有抗性，將病毒基因植入稻子裡而開發出來。如此一來，稻子會出現錯覺，以爲感染病毒而產生抗性。就像人類，也會故意以注射的方式注入衰化的病原體（**疫苗**），提高免疫力。病毒抗性稻子的改造，就是這種疫苗的植物版。

✣具有除草劑抗性的稻子

世界上的農家普遍使用的除草劑是**草甘膦**（Glyphosate，又名鎮草寧）。

Science memo

疫苗　病原體進行各種處理，減弱毒性，投與生物體，則能夠對病原製造出抗體的物質。可以用來治療霍亂或流行性感冒等。

除草劑抗性稻的構造

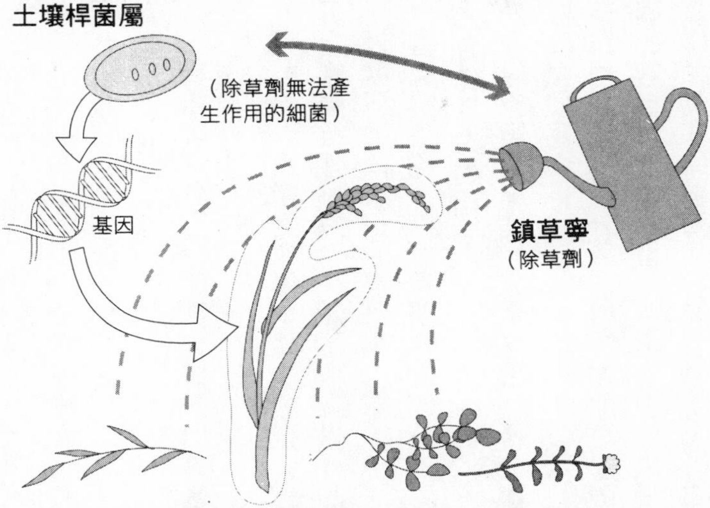

即使雜草枯死，但是對稻不會造成影響！

即使沒有聽過這個名稱，但只要是從事農業的人，應該都聽過它的商品「Round up」。

這種除草劑，會封住與植物氨基酸合成有關的酵素，使得植物枯死。不過，這種除草劑對於九十二頁所介紹的土壤桿菌屬完全無效。因此，從土壤桿菌屬中取出對這種除草劑具有抗性的基因，導入稻子中，栽培出除草劑抗性稻子。

只撒這種除草劑，除草劑抗性稻子之外的

Science memo

草甘膦　會抑制植物或微生物合成氨基酸所需的EPSPS蛋白質的作用，使植物枯死的農藥。參照124頁增甘膦的解說。

其他植物全都會枯死，能夠使農藥量減半。

不只是稻子，像大豆，也同樣開發出具有除草劑抗性的大豆。不過，只對特定的除草劑有抗性，必須與除草劑配套使用。通常由農藥廠商以除草劑和農藥配套銷售這些基因改造作物。

✣具有害蟲抗性的稻子

將九十頁所說的蘇雲金芽孢桿菌（Bt）基因的一部分植入稻子裡，就形成害蟲抗性稻子。這種稻子經由基因改造，會製造出好像Bt製造的**內毒素**似的物質。只要內毒素產生作用，就能殺死害蟲。利用同樣的方法，讓玉米或馬鈴薯具有害蟲抗性。然而，除了害蟲以外的蝶類等也會被殺死，出現許多問題，所以歐盟各國禁止販賣這類的稻子。

關於害蟲抗性稻，大概還要經過較長的時間才能實用化。

✣提高光合作用力的稻子

植物在陽光照耀下進行光合作用，合成葡萄糖等。動物攝取葡萄糖後，就能當成熱量使用。

光合作物大致可以分爲二種。亦即經由碳的固定來進行分類。按照碳水化合物碳的數目，分爲**C_4型**、**C_3型**。另外，根據光合作用型的不同，植物可以分類爲C_4植物和C_3植物。

Science memo

內毒素　存在於細胞的細胞壁，會隨著細菌的死亡而排出。

C_3植物與C_4植物的不同

	C_3植物	C_4植物
例	 稻子或麥子等全部植物的90%	 玉米或甘蔗等熱帶植物
在強光下進行光合作用的速度	慢	快
最適合進行光合作用的溫度	低	高
耐乾性	弱	強

具體而言，像甘蔗或玉米等，是屬於C_4植物。主要是在高溫下進行光合作用，光合作用的速度較快。另外，像稻子或麥類等，則是屬於C_3植物。在較低的溫度下進行光合作用，速度較緩慢。

因此，C_4植物當然能夠有效的吸收能量。

所以，如果將C_4植物的基因，植入稻子等C_3植物中，也許就能夠產生提高光合作用力的稻子。目前正在進行相關的研究。

Science memo

C_4型、C_3型　以碳元素符號C加以命名。C_4是經由光合作用產生的初期產物，擁有4個碳原子的化合物的途徑。若是3個，則稱為C_3植物。

✣改良味覺，栽培出美味的米

一〇八頁所說的基因改造稻，包括抗病性、除草劑抗性、害蟲抗性、較高的光合作用力（收穫量增加）等，都是對生產者有好處的作物。

此外，還製造出美味、對消費者有好處的品種。

稻米的主要成分是澱粉。澱粉是葡萄糖呈鏈狀長長相連而成的。直線的鏈是**直鏈澱粉**，分歧的鏈則是**支鏈澱粉**。同樣是澱粉，但是，兩者的性質不同。直鏈澱粉較多的稻米較鬆散，直鏈澱粉較少的稻米則會產生黏性。像糯米幾乎都是支鏈澱粉而沒有直鏈澱粉。

國人普遍喜歡黏性較高的稻米。因此，爲製造國人喜歡的稻米，必須減少直鏈澱粉。可以利用前面所介紹的反向法，在開發出來的稻子裡植入製造ｍＲＮＡ的ＤＮＡ，能夠抑制製造直鏈澱粉的ｍＲＮＡ。

✣具有新的營養素的黃金米

第三世界各國嚴重的問題之一就是缺乏維他命Ａ。維他命Ａ具有看東西的視覺作用，以及維持正常發育、生殖及免疫機能的相關作用，是非常重要的營養素，也是維持生命不可或缺的營養素。第三世界受苦的人多半以稻米爲主食，但是，稻米中幾乎沒有維他命Ａ。

利用基因改造技術製造出來的稻米，其中一種是黃金米。事實上，黃金

Science memo

直鏈澱粉　構成澱粉的主要成分之一。葡萄糖呈鏈狀相連的高分子。能溶於水。

直鏈澱粉和支鏈澱粉

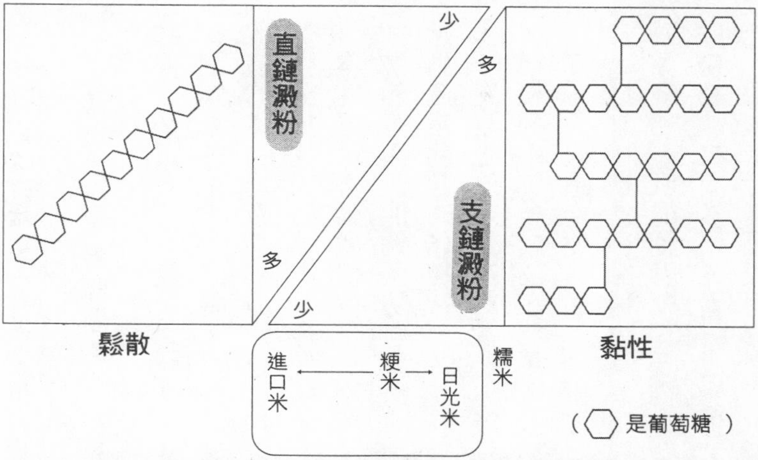

如果不製造出直鏈澱粉，則支鏈澱粉含量增加，就能形成具有黏性的稻米

米並非含有維他命A，而是β胡蘿蔔素。這種物質進入人體後，就會變成維他命A。

此外，還製造出含有比普通稻米更多鐵質的稻米，或是含有大量必須氨基酸色氨酸的稻米等。

不過，對於這些提高營養價的基因改造稻米的評價，有好壞兩派的理論。下頁將會開始解說其問題點。

Science memo

支鏈澱粉　構成澱粉的主要成分之一。葡萄糖多數分歧而呈鏈狀相連的高分子。難溶於水。

4 其他基因改造作物

☆蔬菜或水果等相關的研究正在進行中

前節提到國人的主食，同時，也探討過稻米的基因改造問題。不只是稻米，基因改造的作物還包括其他的穀物和蔬菜，同樣開發出具有抗病性、除草劑抗性、害蟲抗性等的基因改造作物。

目前日本的厚生勞動省進行安全確認，許可的食品如左表所示。其中導入會製造油酸的基因、能夠預防心臟病並抑制膽固醇增加的大豆等，甚至包括一些留意到健康問題的作物。

此外，不在表上的耐保存的番茄、能夠抵擋黴病的草莓或具有病毒抗性的南瓜等，已經利用許多穀物、蔬菜或水果進行研究。

✣一直沒有進展的小麥，其理由是……

另外，在基因改造作物方面，一直沒有提到的是小麥。八十六頁已經說過，小麥長久以來持續進行品種改良，同樣是世界上許多人愛吃的作物。不過，雖然盛行研究，但卻發現複二倍體的染色體數目較多，基因組的大小爲一六〇〇〇MB（MEGA BASE），與稻子的四三〇MB相比，將近多了四十倍。因此，很難進行基因改造的操作，所以開發方面沒什麼進展。

Science memo

MB（MEGA BASE） DNA的長度用製造DNA形狀的核酸的鹼基（base）數目來表示。MEGA是表示百萬的接頭語。

日本厚生勞動省經過安全性審查後的基因改造食品

	品種	商品名	性質	開發國
1	馬鈴薯	NEW LEAF 馬鈴薯 BT-6 系統	害蟲抗性(溴滴滴涕等)	美國
2	馬鈴薯	NEW LEAF 馬鈴薯 SPBT02-05 系統	害蟲抗性(溴滴滴涕等)	美國
3	大豆	ROUND UP LADY 大豆 40-3-2 系統	除草劑抗性(草甘膦)	美國
4	大豆	260-05 系統	高油酸形質	美國
5	甜菜	T120-7	除草劑抗性(增甘膦)	德國
6	玉米	Bt11	害蟲抗性(玉米螟等) 除草劑抗性(增甘膦)	瑞士
7	玉米	Event176	害蟲抗性(玉米螟)	瑞士
8	玉米	Mon810	害蟲抗性(玉米螟)	美國
9	玉米	T25	除草劑抗性(增甘膦)	德國
10	玉米	DLL25	除草劑抗性(增甘膦)	美國
11	玉米	DBT418	害蟲抗性(玉米螟) 除草劑抗性(增甘膦)	美國
12	玉米	ROUND UP LADY 玉米 GA21 系統	除草劑抗性(草甘膦)	美國
13	玉米	ROUND UP LADY 玉米 NK603 系統	除草劑抗性(草甘膦)	美國
14	玉米	T14	除草劑抗性(增甘膦)	德國
15	玉米	Bt 11SWEETCORN	害蟲抗性(玉米螟) 除草劑抗性(增甘膦)	瑞士
16	油菜籽	ROUND UP LADY CANORO RT73 系統	除草劑抗性(草甘膦)	美國
17	油菜籽	HCN92	除草劑抗性(增甘膦)	加拿大
18	油菜籽	PGS1	除草劑抗性(增甘膦)	比利時
19	油菜籽	PHY14	除草劑抗性(增甘膦)	比利時
20	油菜籽	PHY35	除草劑抗性(增甘膦)	比利時
21	油菜籽	PGS2	除草劑抗性(增甘膦)	比利時
22	油菜籽	PHY36	除草劑抗性(增甘膦)	比利時
23	油菜籽	T45	除草劑抗性(增甘膦)	德國
24	油菜籽	MS8RF3	除草劑抗性(增甘膦)	比利時
25	油菜籽	HCN10	除草劑抗性(增甘膦)	德國
26	油菜籽	MS8	除草劑抗性(增甘膦)、雄性不可育性	比利時
27	油菜籽	RF3	除草劑抗性(增甘膦)、可育性恢復性	比利時
28	油菜籽	WESTAR-Oxy-235	除草劑抗性(Oxynil 系)	加拿大
29	油菜籽	PHY23	除草劑抗性(增甘膦)	比利時
30	棉花	ROUND UP LADY 棉花 1445 系統	除草劑抗性(草甘膦)	美國
31	棉花	BXN cotton 10211 系統	除草劑抗性(溴苯腈)	美國
32	棉花	BXN cotton 10222 系統	除草劑抗性(溴苯腈)	美國
33	棉花	INGADO 棉花 531 系統	害蟲抗性(大煙草)	美國
34	棉花	INGADO 棉花 757 系統	害蟲抗性(大煙草)	美國
35	棉花	BXN cotton 10215 系統	除草劑抗性(溴苯腈)	美國

（2001年3月30日為止）

5 對於家畜及魚的基因改造

☆利用其他動物發現某種動物的特徵，用途廣泛

✣可以製造出會產生藥用牛乳的牛嗎？

生物科技應用於家畜的範圍相當廣泛，但是，基因改造目前並未成功。雖然嘗試在牛體內植入會製造**生長激素**的基因，卻無法順暢發揮作用。

不過，基因改造方面不能算是完全失敗。例如，並非食肉用，而是像七十二頁所說的動物工廠，也在進行讓豬等製造出有用蛋白質的研究。另外，目前也在研究於牛的基因組中植入會製造出對人類有用蛋白質的基因，希望能夠開發出對人類疾病產生效果的牛乳。

✣生物科技對魚貝類的應用

基因改造等生物科技的應用對象，不只侷限於陸地上的動植物。尤其像日本是海洋國家，對於魚貝等海鮮類的研究相當盛行。

雖然現在並沒有利用基因改造而產生的魚，但確實有複製魚或利用染色體操作而產生的魚。例如比目魚，利用雌性發生技術。

魚類和人類等哺乳類的受精構造不同，其中最大的不同點是會釋出極小體（Polar body）。像魚，精子和人類同樣的，有X染色體和Y染色體，卵則

Science memo

生長激素　由下垂體前葉分泌出來的激素，稱為SOMATROPIN（STH）。是由190個氨基酸所構成的蛋白質。會促進骨骼、肌肉及內臟的成長。

造成雌性發生

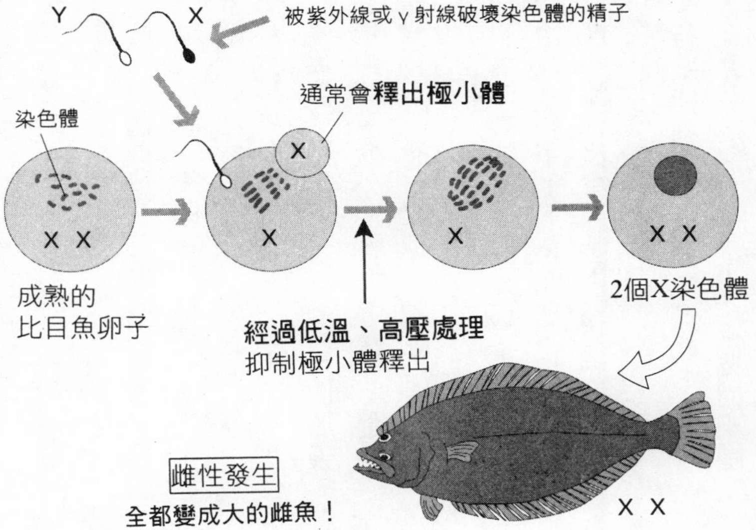

有二個X染色體。精子與卵受精時，卵的二個染色體中，多出的一個就成爲極小體而釋放出來。

事先利用**γ射線**等使精核無效後再受精。加諸壓力等，阻止其釋出極小體，而原本卵內的二個X染色體殘留下來，就會生下雌魚。雌的比目魚體型較大。

利用這項技術的養殖法，目前正在研究中。

Science memo

γ射線　波長較短（波長為10^{-11}m以下）的電磁波。能量為1百萬電子伏特以上。穿透物質的能力極強，應用於醫療工業或物性研究等方面。

✣因爲身體是三倍，所以是三倍體嗎？

動植物因種的不同，擁有基因組的套數也不同。人類是二十三條染色體爲一套，共有二套，總計有四十六條染色體。然而，因種的不同，可能存在擁有三套的三倍體或擁有四套的四倍體。例如，有許多像卷丹或石蒜等自然形成三倍體的植物。不過，三倍體的植物不能進行有性生殖，只能藉著營養生殖而繁殖。

像魚，以人工的方式變成三倍體時，會形成不孕。一旦不孕，就不會爲了生殖而導致營養被奪走，自然能夠增加美味度。尤其應用在牡蠣方面，這種情況更爲顯著。此外，像香魚這種只能生存一年的魚，也變得可以存活數年，身體變得巨大化。變成三倍體的香魚很大，並非身體變成三倍而稱爲三倍體。

三倍體魚的製造方法與雌性發生非常類似。不同點是使用正常精子進行受精。受精後，利用γ射線等抑制極小體釋出，變成擁有三套基因組的三倍體。三倍體和雌性發生與基因改造不同，但是對於魚類養殖而言，卻是重要的生物科技。

✣光是等待就能捕獲大量的魚類嗎？

「come back，鮭魚，長大之後要回來喔！」四年後，鮭魚會回到生長故

Science memo

回游魚　具有季節性並經由一定途徑移動的魚。像鰤魚、鰹魚、鮭魚等。多半會成群回游。

三倍體的製造方法

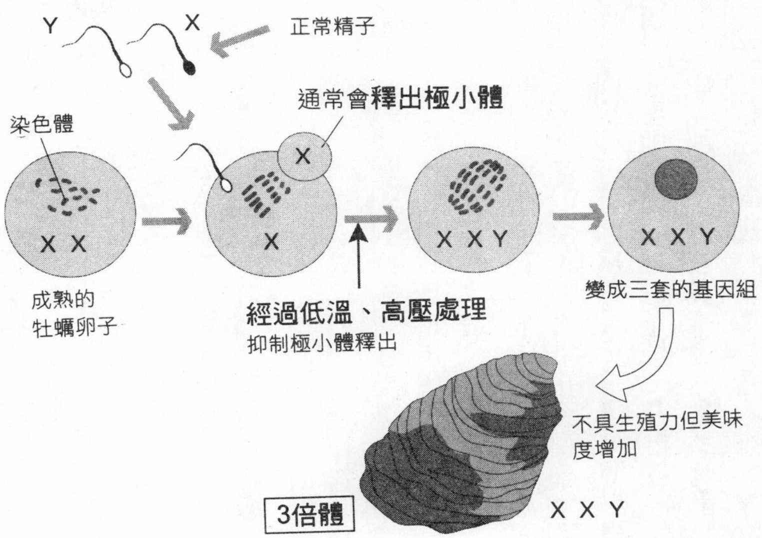

鄉的河中。這種習性到底是哪個基因產生作用而引起的，目前還在研究中。只要找出這個基因，將其植入鮪魚等**回游魚**中，則不必到遠洋去捕魚，鮪魚會自行游回來，漁夫只要等待在那兒就能滿載而歸了。

魚類各種性質的相關研究還有很多，例如河豚具有**河豚毒素**，但是，自己卻不會受其危害。如果能夠找出裡面的蛋白質，就可以應用來製造人類的鎮痛劑或解毒劑等。

Science memo

河豚毒素　河豚毒的主要成分。會造成呼吸或感覺麻痺。來自於海生的微生物，蓄積在河豚體內。可以當成鎮靜劑，用來治療神經痛。

6 為什麼基因改造食品不受歡迎？

☆暫且不提科學的理由，企業邏輯不值得信賴

✣執著於「絕對不是自然發生的」的消費者

原本為了避免糧食危機而開始著手開發的基因改造食品，消費者對其評價卻非常的差。尤其在歐洲，這種情況更是明顯，目前幾乎並未流通基因改造食品。

於是生產國、出口國美國的基因改造作物其**耕作面積減少**。生產之後不受歡迎而滯銷，農家當然只好重新種植以往的作物。

在日本也不受歡迎。只要到超市購買納豆就可以知道了。許多產品的包裝上都會標明「沒有使用基因改造大豆」。

事實上，納豆用的大豆與一般的大豆品種不同。納豆用的大豆，目前尚未開發出基因改造大豆。因此，使用基因改造大豆的納豆根本就不存在。之所以會有以上的標示，是因為如果不這麼標明，根本就賣不出去。

令人嫌惡的理由有很多，首先是「不自然」的印象。八十四頁說過，提到不自然的東西，那麼，現在餐桌上的食品幾乎都是非自然食品。

經過交配或篩選等育種作業而製造出來的作物，是在數千年、數萬年的

Science memo

耕作面積減少　根據美國洛塔通信對於農業團體所進行的調查顯示，與前一年相較，2001年度基因改造作物的耕作面積減少4%。

令人印象不佳的基因改造食品

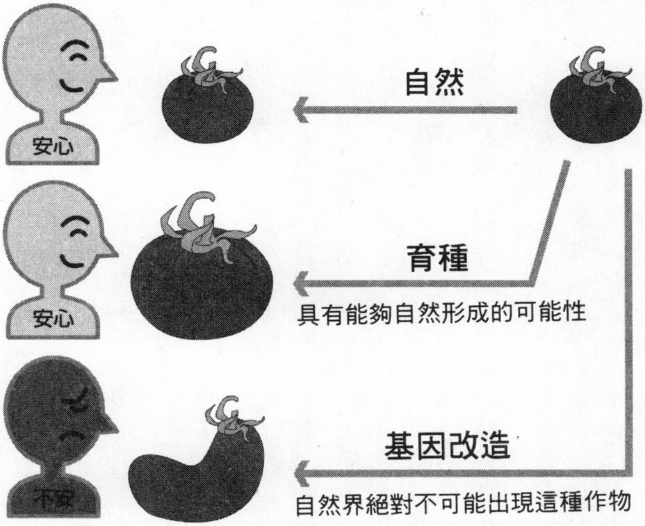

時間內於自然界偶然發生的。

像這種偶然的巧合，**不能斷言絕對不存在**。

況且，基因改造並非在自然狀態下形成的，兩者之間當然有差距。一般人都因爲不知道會出現什麼東西而感到不安。

加深這種不安的，是開發基因改造作物的穀物製造商，以及化學工廠的祕密主義。

Science memo

不能斷言絕對不存在　出現的可能性非常低，無法以野生的方式殘存下來。

✣民眾對穀物製造商的不良印象演變成到對基因改造食品的印象不佳

到底什麼樣的企業會開發基因改造食品呢？在日本國內，食品商或長久以來處理生物科技的**釀酒廠**等，都會處理這類食品。不過，最多的還是美國化學工廠或種子工廠，而這些企業是隸屬於穀物製造商的團體。

觀察全世界，這些穀物製造商的風評普遍不佳，一般人都無法信賴這些企業。這也是成爲大家對於基因改造食品敬而遠之的理由之一。事實上，穀物製造商一直採取極端的祕密主義，股票也不是公開的，所以無論是企業戰略或事業內容，當然也沒有公開。只要看過去經常出現的第三世界的農村與穀物製造商之間的交易，就可以知道其風評不佳的原因。

穀物製造商賣給農民的雜種穀物只限於一代，並未留下種子。買不起這種種子的貧窮農民只好成爲佃農。此外，化學工廠生產的農藥，農民也必須透過穀物製造商購買。最初還好，但是幾年下來，又出現對農藥**具有抗性的昆蟲**，使得農藥無效，只好購買其他的農藥。反覆這種情況，最後昔日栽培作物的方法也不再流行。

最後，每年都要借錢購買種子和農藥。這是站在農民的立場來看整個事件的結果。然而，從穀物製造商的觀點來看，拜新的種子和農藥之賜，也許能夠讓很多人免於餓死。

Science memo

釀酒廠　除了釀酒之外，像味噌或醬油等，自古以來發酵工業的技術，日本一向居於領先地位。

為什麼日本會檢測出史塔林克？

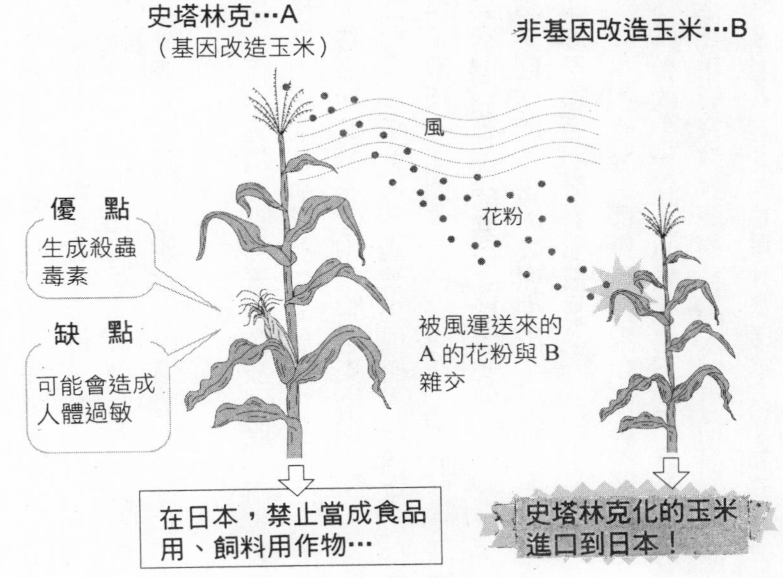

總之，由於存在這樣的歷史背景，故種子製造商、農藥製造商和穀物製造商，所推廣的種植基因改造作物的行爲，令農民感到猶豫不決。當然，也有部分的消費者基於安全性的考量，對於這類作物敬而遠之。

✣「史塔林克」問題

二〇〇〇年十月，日本市民團體由市售的玉米加工食品中檢測出基因改造玉米「史塔林克」。

史塔林克是法國大

Science memo

具有抗性的昆蟲　農藥無法發揮作用的個體殘存下來，交配之後，就生下具有耐性的個體。可謂在不經意的情況下產生的品種改良。

型化學工廠所開發出來的作物，會生成「Ｃｒｙ９Ｃ」殺蟲毒素。對於除草劑**增甘膦**具有抗性，是進行基因改造的玉米。

問題在於史塔林克從美國進口，而美國只允許這種玉米當成飼料用的作物。一旦攝取到體內，可能會引起**過敏**。在日本，既不允許食用，也禁止當成飼料用作物。

結果，摻有史塔林克的玉米粒被回收，用來製造接著劑或製紙等工業用途，但是其中一部分卻成爲加工食品而在市面上販售。此外，不只是日本，從美國輸往墨西哥的玉米中也含有史塔林克，最後同樣引發回收事件。

從二〇〇一年度，美國禁止種植史塔林克。日本則在二〇〇一年四月開始，認爲未承認的基因改造作物的進口，違反食品衛生法，必須加以處罰。

✣包括宗教問題在內的基因改造食品

日本某廠商所銷售的咖哩牛肉，包裝上印著印度教的神明，似乎想要藉此襯托印度風味而引發異國情趣。

有人覺得很奇怪。印度教認爲牛是神聖的動物，禁止吃牛肉。就像印度教徒不吃神聖的牛一樣，回教徒也不吃骯髒的豬肉。

生活幾乎與宗教無關的日本人，恐怕很難想像。然而，這方面的戒律實際上非常嚴格。結果，咖哩牛肉受到民眾抗議，立刻停產。

Science memo

增甘膦　植物本身會產生氨氣，但是因為具有使其無毒化的酵素，所以能夠免於枯萎。而增甘膦的有效成分PPT，則會抑制這種酵素的作用，使得植物枯死。

基因改造食品與宗教的問題

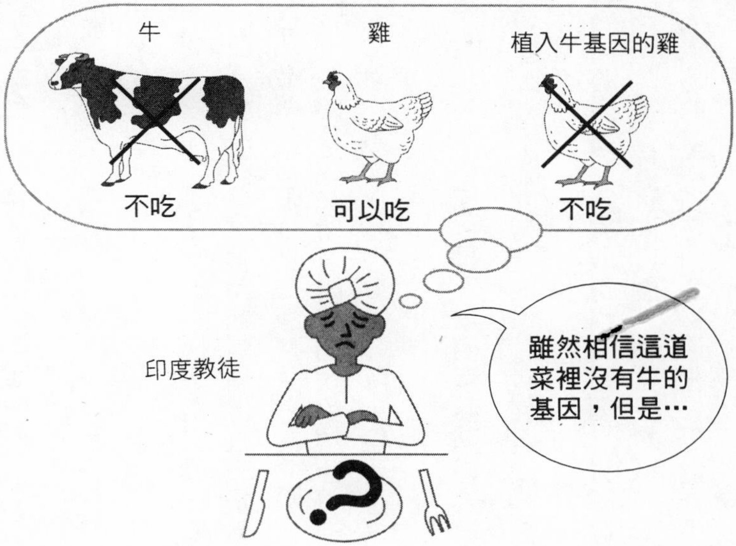

在此，再度提到基因改造的問題。

如果改變羊或雞等生物的性質，植入牛或豬的基因，那麼，不吃牛肉或豬肉的宗教信徒該怎麼辦呢？當然不能吃這些食品。

不過，光看肉或加工食品的包裝，根本不了解裡面的內容。

基因改造的家畜涉及宗教問題，所以想要推廣，恐怕比植物更困難。

Science memo

過敏　經由注射或攝取具有抗原作用的物質而產生抗體，引起抗原抗體反應的結果。對於成為抗原的物質所出現的生物體反應改變的現象，稱為過敏。

7 為什麼基因改造食品很危險？

☆都是未知的東西，無法保證長期的安全性

✣基因本身沒有毒性

目前讓人「印象不佳」的基因改造食品，真的很危險嗎？

基因改造食品和普通食品的差異，首先是基因不同。有人說：「聽到基因，就讓人覺得不舒服而難以下嚥。」但事實上，沒有人不吃基因，甚至每天都要吃大量的基因。所有的植物和動物都由細胞構成，細胞有核，裡面就有基因。當然加熱之後基因會被分解，但若是攝取生菜，還是會直接攝取基因。

基因由DNA構成，是利用四個鹼基組合而成的。在體內，四種物質並沒有**毒物**的作用。像自然界中雖然存在著毒蕈或有毒的果實等，但其基因本身都不具毒性作用。

另外，有人擔心「攝取奇怪的基因，可能會對身體產生作用，生下畸型的孫子」。其實這是庸人自擾，不可能的事。

進入人體的基因在胃內會被**消化**。否則吃了牛就會生下牛人，吃了豬就會生下豬人嗎？這是絕對不可能的。

Science memo

毒物　對於人體具有強烈毒性的物質。即使是一般認為不是有毒的物質，若大量攝取也可能成為毒。例如醬油，若是一次喝一公升則相當的危險。

基因改造食品具有毒性時

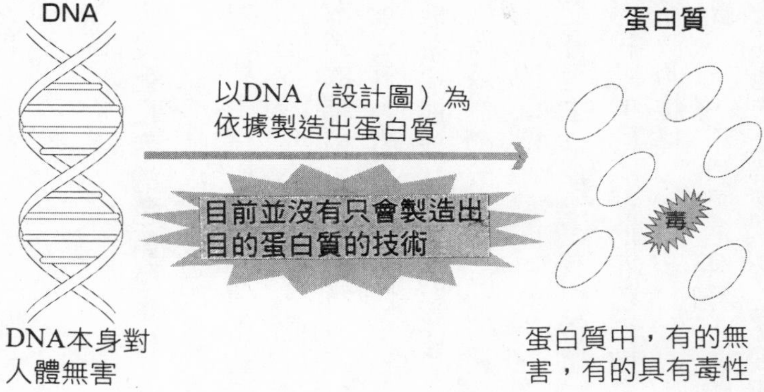
DNA
蛋白質
以DNA（設計圖）為
依據製造出蛋白質
目前並沒有只會製造出
目的蛋白質的技術
毒
DNA本身對
人體無害
蛋白質中，有的無
害，有的具有毒性

✣製造出乎意料之外的蛋白質令人害怕

到底危險在何處呢？請各位回想一下四十頁的說明。

在ＤＮＡ鏈被解讀出來，依序排列特定的氨基酸，再結合生成蛋白質的說明中，我們所說的蛋白質，是按照氨基酸排列的方式而產生具有各種性質的蛋白質。這時生成的蛋白質，可能具有毒性。

基因改造是因爲具有某種意圖，爲了實踐這種意圖而植入能夠製造出符合理想的蛋白質的基因。

如果只出現這個目的蛋白質，當然就沒有問題，但是，現代的技術不一定可以達成這個理想，可能會出現與目的不同而具有毒性的蛋白質。若

Science memo

消化　營養物質轉化成細胞能夠利用的單純形態，稱為消化。像脊椎動物是藉著分泌消化液，在消化管內進行消化作用。

是像毒蕈的毒還無妨，因爲在確認安全性的階段，就可以將其排除，避免誤食。然而，如果是必須花十年、二十年才會出現效果的物質……。未知的物質確實相當可怕。

✣出現大量死亡者的色氨酸事件

利用基因改造技術製造出來的食品，也有造成死亡者的事例。

人類維持生存所需的必須氨基酸之一的是**色氨酸**。使用色氨酸的營養輔助食品卻造成三十八人死亡。色氨酸本身沒有毒性。而爲了製造色氨酸而進行基因改造的細菌，卻出乎意料之外的生成二種奇怪的蛋白質。由於沒有去除這些蛋白質，所以產生毒性。

✣對生態系造成無法估計的影響

基因改造作物令人擔心的問題，不只是直接對人體造成的危險性。

植入基因改造作物的原本不存在自然界中的基因，會隨著花粉而進入山野，可能會產生以往所沒有的新植物。更令人害怕的是超級雜草。例如，具有除草劑抗性的油菜籽的花粉四處飛散而與雜草雜交時，可能就會產生除草劑無法消滅的雜草。

如此一來，不只是油菜籽，連**雜交**的雜草也無法發揮效果。這時，農家必須再撒其他的除草劑。最初嘗試低農藥栽培作物，結果卻變成毫無意義的

色氨酸　芳香族氨基酸的一種。是必須氨基酸，在體內與吲哚、血清素、菸鹼酸等的生成有關，在生理方面是重要的物質。

超級雜草的誕生

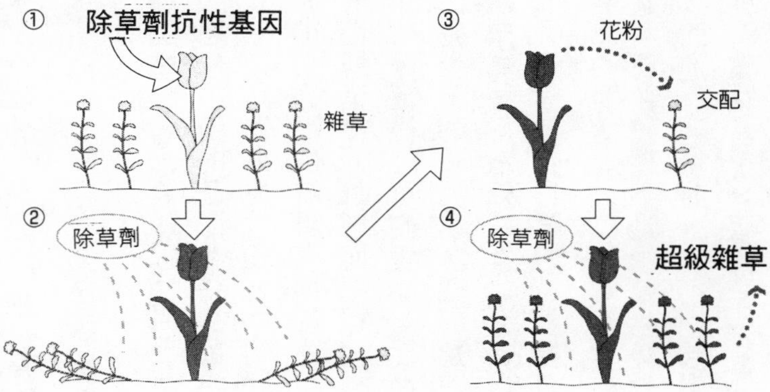

行為。不只如此，當這些雜草蔓延時，會導致以往草地的平衡瓦解。

當然，有人提出不同的看法。

首先是，自然交配而產生這種雜草的可能性很低。另外，以人工方式栽培出來的作物，無法在自然界中生存。從經過數次育種而製造出來的稻子並沒有雜草化的事實，就可以了解這一點。

總之，栽培基因改造作物時，不只要確認對人體的安全性，同時要考慮對生態系造成的影響。

Science memo

雜交　在遺傳上具有不同形質的個體間的交配。用來製造雜種。雜種中孕育出優良品種，則稱為雜交育種。

8 日本政府對於基因改造食品的態度

☆終於採取安全性的檢查或標示的義務化等完善的措施

✣日本厚生勞動省進行安全性評估

令人感覺不安的基因改造食品，現在有關單位已經聽到消費者的心聲，由日本厚生勞動省來進行安全性的評估。

製造出來的蛋白質具有何種作用、是否有毒或引起過敏，以及藉著**熱**或人體的消化**酶**等會分離到何種程度，都必須進行測試，再加以評估。一一五頁已經介紹過獲得許可的食品。然而，長期持續攝取對人體造成的影響，目前還無法完全了解，所以，關於這方面仍然眾說紛紜。

✣導入標示義務，但卻無法完全分辨

從二〇〇一年四月開始，根據日本政府規定，基因改造食品有義務要加以標示。

不過，現在已經不是由厚生勞動省，而是由農林水產省負責。事實上，厚生省以前進行過檢討，但卻引起混亂，所以改由農林水產省統一規範。

另外，還是有人認爲標示混亂不清。因爲即使標示「並非基因改造作物」，但是，無法保證裡面一〇〇%不含基因改造作物。

Science memo

熱　一般而言，蛋白質不耐熱，加熱後會變質分解。

基因改造食品的標示例

以基因改造玉米和普通玉米為原料時	
名稱	○○
原料	玉米（並未區分是否基因改造作物）、○○、△△
內容量	300g
保存期限	○年△月×日
保存方法	需要冷藏，在10℃以下保存
製造者	○○食品有限公司 東京都千代田區○○○

以非基因改造玉米為原料時	
名稱	○○
原料	玉米（並非用基因改造的作物） ○○、△△
內容量	1kg
保存期限	○年△月×日
保存方法	避免陽光直射，置於常溫下保存
製造者	○○食品有限公司 東京都千代田區○○○

但是只憑這個標示，不敢斷言100％沒有混入基因改造作物！

作物從農場送到食品加工廠爲止，是利用IP分別生產管理系統進行管理的。

雖然可以證明是否混入基因改造作物，可是只採取這個方法，很難斷言完全沒有混入基因改造作物。

即使文件上記錄沒有混入，但實際上在哪個過程中混入根本不得而知。有時則根本不是有意混入，像這種情況也莫可奈何。

Science memo

酶　在生物體內成為化學反應觸媒的物質。依反應種類的不同，構造也不同。生物體內存在著1000多種的酶。

9 生命專利與基因專利

☆與美國國策同樣得到許可的基因專利

✣生命得到專利的查克拉巴提審判

新的工業製品或技術，以前必須申請**專利**。辛苦發明的東西，如果招致他人競相模仿，自然無法賺取優渥的利益。花費極大的工夫，一旦被資本雄厚的大企業奪走，就沒有人願意當發明家了。這時，能夠保護發明家權利的是專利。

但是，自然界原本就沒有改變生命的專利，基於這種想法，所以長久以來並不允許動植物方面有專利。

然而，一九七二年，一位名叫查克拉巴提的科學家，開發出去除石油汙染的細菌而申請專利。美國專利局拒絕其申請，一九八〇年，聯邦最高法院判決他可以申請專利，引起熱烈的討論。這就是著名的查克拉巴提審判。後來，美國普遍認爲，並非生物就有專利，而要加以改變，對產業有貢獻，較爲獨特的東西才能夠申請專利。此即所謂的生命專利。

✣基因專利是美國的國家戰略

一九九一年，美國科學家兼企業家班塔博士，對於機能尚無法完全掌握的基因申請專利。第五章將會詳細介紹。這件事在生命科學的世界引起極大

Science memo

專利　智慧財產權之一。對於進行發明或想出某種構想的人，必須公開與其交換，或是其擁有獨佔使用權。這項權利由政府給予，稱為專利。

可以成為專利的生物科技、不可以成為專利的生物科技

○了解機能的基因
○與疾病有關的基因

⇩

可以得到專利

○機能不明的基因
○基因組序列

⇩

不能得到專利

解析DNA的機能，除非確認其有用性，否則無法得到生物科技的專利

的震撼。

事實上，其中存在著另一個伏筆。在引發騷動之前，美國在『國家生物科技政策報告書』中，提出將基因當成專利的國家戰略。亦即基因專利成爲美國的國策。

這是從七〇年代至八〇年代，被日本和歐洲超越而喪失競爭力的美國，爲了企圖捲土重來而產生的構想。在經濟上被打壓的美國，於科學基礎的研究方面，仍然佔有優勢。爲了將其強大優勢活用在產業上，因而允許基礎研究的專利，希望能夠使得美國的產業有利的發展。

班塔博士並未申請到專利，但是，只要明白基因的作用等就**可以申請專利**的風潮，這時就已經出現了。

Science memo

可以申請專利　事實上，目前已知基因發揮作用的DNA和互補DNA（cDNA）序列。如果了解其機能，就可以得到專利。

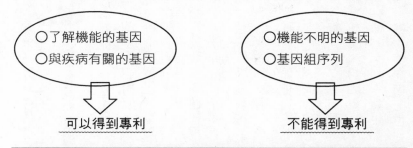

10 基因庫與植物探索家

☆為保護珍貴遺傳資源的先進國家與第三世界的交易

✣現代的諾亞方舟基因庫

生物的基因組解析、人類的基因專利、基因改造食品——。其中許多是令各國和各企業奮起的事項。另外，還有各國政府爲了保障食物的安全而進行的，就是建立基因庫。

以穀物或藥草等植物爲主，**稀少種**或**原種**的植物種子進行冷凍，或是利用特殊的氣體加以密封保存。這就是現代的諾亞方舟。像麥子、稻、玉米、豆類和大豆等原種就長眠於此。

爲什麼要這麼做呢？首先是，爲了製造優秀的雜種，必須使用沒有摻雜任何其他物質的原種。另外，不進行冷凍保存而讓原種交配，也是一種方法。不過少數進行時，遺傳方面可能會出現劣化情況，也可能與他種混合而形成雜種。因此，必須保存原有的種子。

建立基因庫的國家多半是先進國家，但是原種存在的原產地，除了地中海的部分地區之外，幾乎都是在所謂的第三世界。先進國家企業要進行育種等工作，就必須向第三世界尋求原種。

Science memo

稀少種　在野生的動植物中，存續基礎危弱的種。日本環境省RED DATA BOOK的項目的稀少種，已經更改名稱為「準滅亡危險性」。

種的存續不可或缺的多樣性

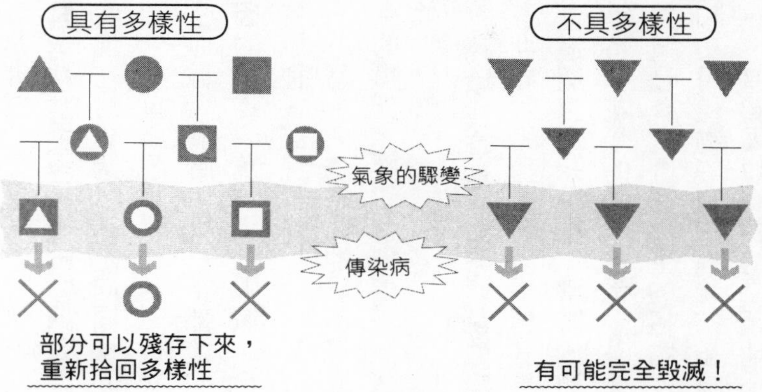

✣若非多樣性則種會滅亡

先進國家競相收集原種，原因在於遺傳的多樣性。

一八四〇年代，愛爾蘭發生了以下的事件。在疫病擴大的瞬間，主食馬鈴薯全部滅亡，造成二百萬人餓死、二百萬人移居他國。理由是，馬鈴薯只有單一品種，在遺傳上是相同。

如果擁有不同品種的馬鈴薯，那麼，無論哪一種受到毀滅性的打擊，其他種還是能夠殘存下來。經過交配，就能重新恢復多樣性。因此，對於種族的保存而言，遺傳的多樣性非常重要。喪失多樣性時，表示這個種將要滅亡。複製動物也是如此。不只是動植物，保存多樣

Science memo

原種　在人類進行品種改良之前原型的動植物。有用植物的原種如137頁圖所示，只有在世界的特定地區才有。

遺傳資源是非常重要的。

✣現代農業在基因學上瀕臨危險的情況！

看看現在的農場，都是向同樣的穀物製造者購買種子，以相同的方式栽培。像七十八頁所說的雜種（一代雜種）非常強，收穫量也很多，可是一旦疫病發生而種衰弱時，就會全部毀滅。製造出這種雜種的農園，也栽培具有**單一基因**的植物。萬一全部毀滅，世界就會陷入嚴重的糧食危機。因此，一定要保持原種、野生種。

另一方面，由於整個地球環境遭到破壞，基於穀物的有用植物的原種，陸續消失的事實。許多先進國家要收集世界上有用植物的種子，就是爲了確保食物的安全。

✣在世界祕境找尋種子的植物探索家

在全世界收集種子的人，稱其爲植物探索家。植物探索家的歷史相當悠久，可以追溯到十七世紀。當時的植物探索家是以園藝植物爲主。發現蘭花和百合等特殊花類的，幾乎都是英國人。

雖然還是有以園藝爲主的植物探索家，但是，現在陸續增加的，則是探索穀物和藥用植物等有用植物的植物探索家。他們活躍的地區稱爲祕境。

現在，追溯人類食物的原產地，發現只有十二個地區。除了地中海的一

Science memo

單一基因　在遺傳方面較脆弱，可能會因為環境的些許變化而整體滅亡。複製品是其中最典型的一種。

原種存在的地區

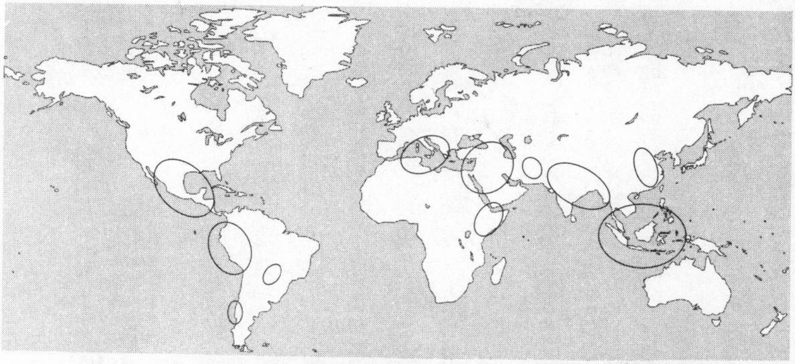

目前人類所吃的食物的原產地，約只分布在這10個地區

部分之外，全都位於被稱爲第三世界的地區，如一三〇頁所述，而且幾乎都是叢林。雖然遺傳的多樣性可以追溯到**冰河期**，但是，其他地區卻位於現在的熱帶。原種維持原貌殘存下來的地區，都是在沒有與外界接觸的邊境。找尋種子之旅路途險惡，需要具備豐富的植物相關知識、強韌的肉體以及危急時冷靜的判斷力等。

植物探索家爲了將來而收集種子，但對於第三世界的人而言，植物探索家就像竊取種子的小偷一樣。

事實上，這些種子是第三世界各國的人幾千年來所守護的種子，有許多國家甚至禁止種子被帶出境。爲保護第三世界的利益，同時保存陸續喪失的種子，應該確立國際間互助合作的體制。

Science memo

冰河期　地球上的氣候極寒冷的時期。像現在這麼溫暖的間冰期和冰河期，會以數萬年為週期而反覆出現。

專欄4

基因利用與隱私權

住址、電話號碼或交友關係等，我們被保護的隱私權相當的多。雖然因人而異，但這些都是不想讓陌生人知道的事情。像身體的特徵、複雜的親子關係等，處理不當，可能會損害他人的尊嚴，必須注意。

事實上，人的設計圖也是如此。能夠了解個人家族歷等的DNA，應該是最值得保護的隱私權。

然而，很多人卻質疑現在的日本是否慎重的處理DNA或基因。最近雖然不明顯，但在不久前，卻未經本人許可，將細胞和血液用來進行其他的實驗。

有人甚至擔心，DNA將來可能會被應用在各種的營業活動中。例如，可能有人會向具有容易肥胖基因的人推銷減肥藥，或是建議身高較矮的人購買長高的器具等。

這些行為，讓人覺得很不舒服。若是DNA的隱私權不能受到保護，那麼，未來會發生什麼事情，任何人都不知道。許多人的姓名、年齡、性別、住址、電話號碼，甚至是喜歡的人等，只要花錢就可以買到對方的資料。這就是令人擔心的狀況。

因此，最好儘快制定法律，保護DNA的隱私權。

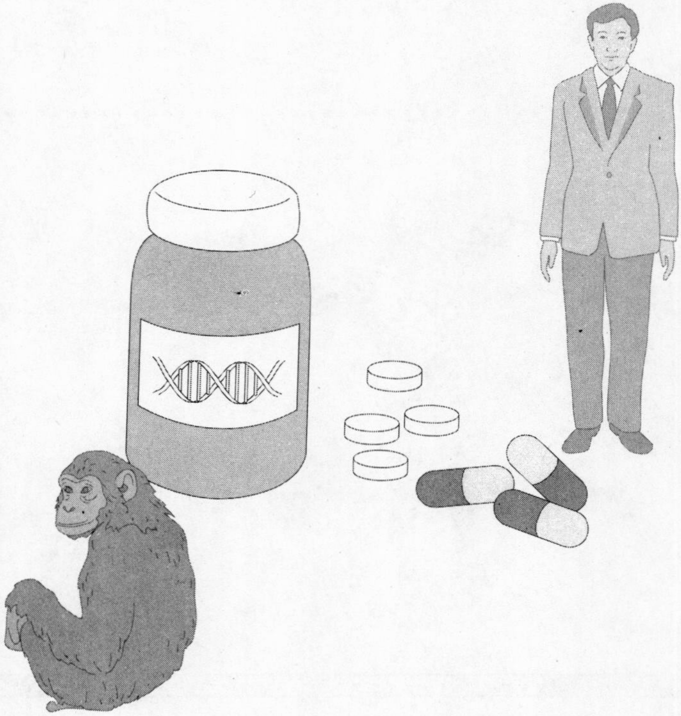

第5章

能夠解讀神的語言嗎？
「人類基因組計畫」的全貌

☆ 日本是「基因組先進國家」嗎？
☆ 基因組界的風雲人物班塔博士
☆ 解讀人類基因組的方法
☆ 何謂後基因組時代？

1 人類基因組計畫已經開始

☆解析人類三十億鹼基配對的偉大計畫

✣一九八〇年以前，日本是基因組先進國家

「日本在解析基因組的競爭中完全敗給美國」。

報章雜誌上經常刊載這類消息。事實上，國際人類基因組計畫的總基因組中，六九%由美國、二三%由英國解讀。日本排名第三，只有**六%**。剩下的二%則由德國、法國和中國解讀。不只是解析基因組的量，連生命科學、基因相關技術等，日本都遠遠落後美國。

但是，在計畫開始的一九九〇年之前，日本對於基因組的研究並不是很落後。其實在一九八〇年時，已經有學者比美國更早提出人類基因組解析的計畫並開始解析，結果被美國視爲「最強勁的競爭對手」。

然而，到了一九九〇年時，情況完全改變。國際計畫開始，各國討論分擔的部分，日本不願意負擔研究資金。而已經進行基因組解析的日本的這種態度，讓美國認爲它想獨佔技術，因而使得日本備受各方指責。實際上，日本卻不是如此。

雖然學者們提出解析基因組的重要性，但是，政府並未將其視爲下一個

Science memo

6%　在數量方面，解讀的貢獻不大，但是對於21條、22條染色體的資料上，日本的解讀結果卻有很大的貢獻。另外，找出基因個數的解析，也是利用日本的成果。

人類基因組計畫的發展

1859年	達爾文提出進化論，出版「種的起源」
1865年	孟德爾發現遺傳法則
1944年	艾普里發現遺傳物質的本質是DNA
1953年	**華生和克里克發現DNA的雙重螺旋結構**
1970年	克那拉等人以人工的方式合成具有活性的DNA
1990年	**國際人類基因組計畫正式展開**
1992年	完成酵母第三染色體的解讀
1995年	班塔博士等人完成流行性感冒菌的基因組解讀
1998年	**美國基因組解讀企業塞雷拉．傑諾米克斯公司成立**
2000年	**美國總統柯林頓和英國首相布萊爾宣佈人類基因組解讀完成**
2001年	**國際人類基因組計畫團體等公開發表解讀結果**

世代的關鍵科技。政府與學者截然不同的態度，一直持續到一九九〇年代結束。因此，在研究資金方面，並未獲得大力的支持。關於這方面的技術，美國和日本就形成極大的差距。後來，美國對日本態度的看法是「在生命科學方面，日本並沒有什麼驚人之舉，甚至根本算不上是玩家」。

✣國際計畫揭開序幕

一九九〇年，以美國爲主而展開的人類基因組計畫，到底是什麼樣的計畫呢？開始的關鍵在於一九八〇年代中期，當時得到諾貝爾獎的某個學者的論文指出「要克服癌症等疾病，必須挑選與癌症有關的所有基因，同時調查人類所有的基因組才是**捷徑**」。結果使得ＮＩＨ（國立衛生研究所）設置人類基因組計畫事務局，而且創立國際組織ＨＵＧＯ（人類基因組機構）。

一九八八年，在瑞士召開ＨＵＧＯ的成立會議。當時參加的國家包括美國、英國、法國、日本、義大利、加拿大等，全都被遴選爲人類基因組計畫的參與國。

✣塞雷拉．傑諾米克斯震撼

一九九〇年，人類基因組計畫正式展開，朝二〇一〇年解析總基因組的目標努力進行研究。不過，還是有研究費不足的困擾。讀取基因組的**自動解析裝置**速度提升之後，工作不斷的進行。

Science memo

捷徑　以往只解析各個基因，進行藥品開發等，但這是沒有效率的做法，會浪費龐大的成本。

國際計畫團體和塞雷拉·傑諾米克斯公司的比較

	國際計畫團體	塞雷拉·傑諾米克斯公司
負責人	法蘭西斯·科林茲	克雷格·班塔
基因組解析手法	階層式散彈自動解析裝置	總基因組散彈自動解析裝置
組織	美國、英國、日本、德國、法國、中國等6個國家	美國的民間企業
資金	各國的國家預算	藥品廠商等的出資
最初的解析目標年	2005年以後	2001年

但在一九九八年，卻發生了震撼基因組解析世界的事件。某個私人企業進行與國際計畫不同的個別基因組解析，甚至宣稱到二〇〇一年爲止要解析人類全基因組的結構。

該企業即塞雷拉·傑諾米克斯公司。該公司的董事長，就是被視爲基因組世界的比爾蓋茲的克雷格·班塔博士。班塔博士的塞雷拉·傑諾米克斯公司進行基因組解析，甚至在二〇〇〇年宣佈已經完成九十%的解析工作。

Science memo

自動解析裝置　利用桑格法，自動讀取DNA鹼基序列的裝置（參照150頁）。

2 人類基因組計畫的激烈戰爭

☆國際計畫VS塞雷拉・傑諾米克斯公司

✣基因組解析的關鍵人物班塔博士

塞雷拉・傑諾米克斯公司，即班塔博士與國際團體進行挑戰。這種如企業小說般的故事發展，爲人類基因組解析的競爭注入活力。昔日分裂的國際計畫團體，開始重新評估計畫，宣佈在二〇〇三年之前要結束人類基因組計畫。亦即比塞雷拉・傑諾米克斯公司所進行的草擬自動解析裝置更爲精密的DNA排列作業，要於二〇〇三年結束。

然而，以美國、英國、日本、德國、法國、中國這些世界著名國家爲首的計畫團體，爲什麼如此害怕一個民間企業呢？這是因爲班塔博士本人經歷的緣故。稍後會詳細介紹。班塔博士採取新的手法來解析基因組，締造劃時代的成果。

他所創立的塞雷拉・傑諾米克斯公司非常成功，現在成爲富翁。也許很多人認爲他在小時候是個天才，事實上，其經歷更具魅力。

高中畢業後，他沒有固定的工作，生活十分悠閒，偶爾會打零工。生活態度很散漫，父母對他早就不抱任何希望。後來他開始對醫學感興趣，起因

Science memo

臨床醫師　實際檢查、治療病人的醫師。與研究醫師相反。

基因組界的關鍵人物班塔博士

塞雷拉·
傑諾米克斯公司
到2001年為止，要解析完總人類基因組的結構

克雷格·班塔 一

班塔博士的簡歷

- ○1946年，出生於美國鹽湖城
- ○高中畢業後沒有固定工作
- ○擔任衛生兵，參加越戰
- ○就讀醫學院，後來成為臨床醫師
- ○成為NIH研究員，參與基因組計畫
- ○創立塞雷拉·傑諾米克斯公司

於徵兵參加越戰造成的。當時擔任衛生兵，使他的命運產生極大的改變。

周圍的醫師也鼓勵他進入醫學部就讀。不久，他成爲醫學院的學生，還擔任過**臨床醫師**。其後更成爲進行基因組解讀的NIH研究員。

擁有上述經歷的班塔博士，產生和一般研究者不同的想法。一九九一年，身爲NIH研究員的他，參與人類基因組計畫的一環而讀取基因的DNA序列。後來，他提出某個基因DNA序列的專利申請，震驚了全世界的研究者。

雖然目前已知該基因的序列，但是**無法完全掌握其具體的功能**。不知道班塔到底在想什麼，這是基因組研究者普遍的反應。

Science memo

無法完全掌握其具體的功能　藉著DNA序列而得知蛋白質的生成，但卻無法得知到底對人體具有何種作用。

✣國際計畫團體害怕班塔博士的二個理由

基因組研究者們認爲，爲了讓所有的關係者能夠有效的利用而進行國際計畫基因組解析，但是，班塔博士卻提出專利申請，想要保護特定企業或人物的利益。他們根本無法接受這種想法。

結果，世界上許多學者陸續提出抗議，使得專利並未通過。班塔博士在一連串的騷動事件後，辭去NIH的工作，同時創立民間機構TIGR（基因組研究所）。班塔博士相當活躍。一九九五年，解析了流行性感冒菌的總基因組。

在所有生物中，基因組最早被解析的就是流行性感冒菌。採取的是稍後介紹的總基因組散彈法（Shotgun法）這個**新的基因組解析的手法**，震撼了全世界。一九九八年，成立塞雷拉・傑諾米克斯公司。翌年一九九九年，解析果蠅的總基因組。

由班塔博士的實際成績，就可了解國際計畫團體害怕博士的二個理由。第一，博士正如他原先所宣稱的，完成了解析人類基因組的夢想。流行性感冒菌和果蠅的實績全都掌握在博士的手中。由於這個實績，許多企業都不惜提供資金給他。事實上，關於基因組的國家預算，美國每年爲二百億圓，日本爲一百億圓以下。而塞雷拉・傑諾米克斯公司則由藥商那兒得到超過三百

Science memo

TIGR（The Institute for Genomic Research）
這個名稱容易讓人聯想到老虎。在網站上公開許多基因組的資料。

已經解析的各種基因組

1995年	流行性感冒菌		1.8MB
97年	大腸菌	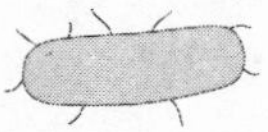	4.6MB
97年	酵母		13MB
98年	線蟲	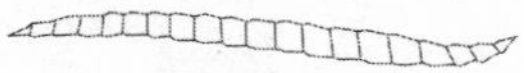	95MB
2000年	果蠅	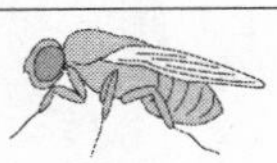	180MB
進行中	白葶藶		130MB

億圓的資金。

第二，讓世界研究者害怕的是專利。一旦班塔博士解析完人類總基因組，就會將其專利化。如此一來，國際計畫的存在就沒有意義了。

因此，國際計畫團體仍然執著於依序發表解析基因組的方針，包括已經公諸於世的結果等都不允許申請專利。國際計畫團體打算藉著公開人類基因組，阻止塞雷拉・傑諾米克斯公司得到專利。

Science memo

新的基因組解析的手法　由於出現高速大量的電腦，使得這種手法獲得成功。

3 人類基因組的解讀方法

☆巨大電腦登場，解析速度加快

國際計畫團體和塞雷拉・傑諾米克斯公司之間的競爭，暫時告一段落。在此說明一下讀取DNA鹼基序列的具體方法。

✣讀取DNA的桑格法

讀取鹼基序列的代表方法是**桑格**法。

DNA的鹼基包括腺嘌呤（A）、鳥嘌呤（G）、胞嘧啶（C）、胸腺嘧啶（T）四種。A與T、G與C成爲一對，自行複製。桑格法與這種複製機能或四個鹼基完全無關，而是利用四個停止複製的物質。四個停止複製的物質分別與鹼基對應，稱爲ddA、ddG、ddC、ddT。

首先，準備想要讀取序列的DNA後開始複製。加入酵素，成爲新的DNA材料的鹼基，即A、G、C、T也加入其中。

DNA陸續進行複製，再將其分爲四等分，放入四根試管中，再分別加入ddA、ddG、ddC、ddT。這時，利用後來加入的特殊鹼基，當成複製材料的DNA，使複製停止。

以下先來看放入ddA的試管。

> Science memo
>
> **桑格（1918～）**　英國的生化學家，發明桑格法。1958年，決定了胰島素的結構，得到諾貝爾化學獎。後來，致力於DNA的研究，開發出桑格法，結果二度得到諾貝爾化學獎。

讀取鹼基序列的桑格法（1）

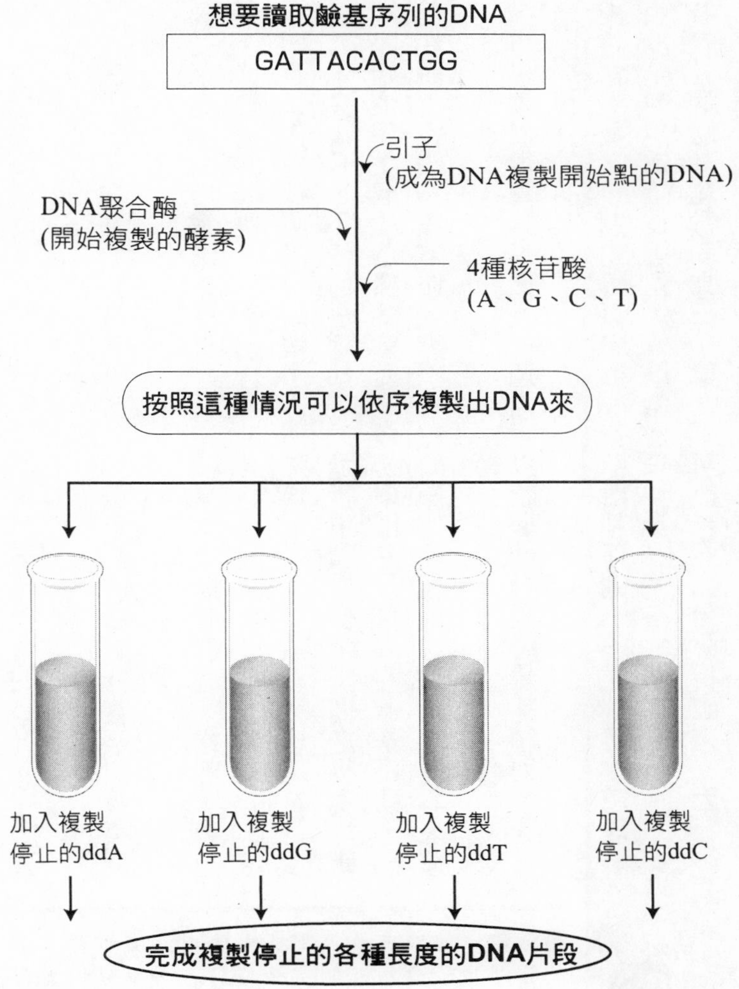
想要讀取鹼基序列的DNA
GATTACACTGG
引子
(成為DNA複製開始點的DNA)
DNA聚合酶
(開始複製的酵素)
4種核苷酸
(A、G、C、T)
按照這種情況可以依序複製出DNA來
加入複製
停止的ddA
加入複製
停止的ddG
加入複製
停止的ddT
加入複製
停止的ddC
完成複製停止的各種長度的DNA片段

（接次頁）

例如，準備的DNA的鹼基序列爲○A○○A○A○（○爲G、C、T的任一種）。其中數個DNA在○A時停止複製。另外，有的DNA在○A○○A時停止複製，有的則在○A○○A○A停止時產生很多的DNA。簡言之，假設一個鹼基的長度爲一時，那麼形成的DNA複製的長度就是二或五或七。

在複製結束處，利用**電泳法**進行解析。使用電拉開DNA。當然，愈短愈輕的DNA移動速度較快，於是配合DNA的長度，可以畫出如左圖所示的形態。亦即DNA會按照高矮的順序排列整齊。

不只是A，G、C、T任何一種都可以進行這種操作。排列之後進行比較，從一端開始依序讀取。這樣就會變成最初準備的DNA的鹼基序列。目前仍在研究室改良桑格法，幾乎所有的操作都利用自動化的機器來進行解析。

此外，可以讀取微量DNA，一週內可以讀取一百萬的鹼基序列。

✣排列已讀取的DNA的方法

改良桑格法之後，一週內可以讀取一百萬鹼基序列，一次則可以讀取一千鹼基。由於是利用電拉長排列，所以還是有其界限存在。

人類DNA的鹼基總數約爲三十億，不可能一次完全解析出來。因此，

Science memo

電泳法　溶液中放入電極，使用直流電時。帶電的膠體粒子會朝一側電極移動。用以分析蛋白質等。

讀取鹼基序列的桑格法（2）

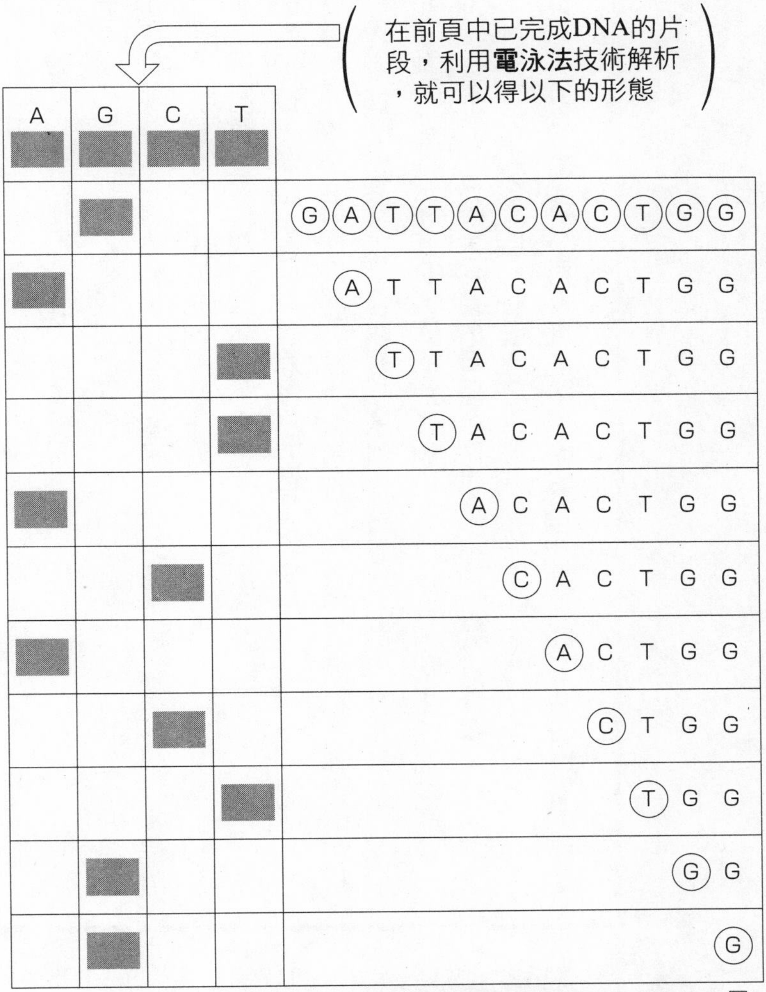

可以讀取鹼基序列 GATTACACTGG 。

必須將ＤＮＡ細分，讀取一個片段後，再讀取下一個片段，依序進行讀取。當然，原先的ＤＮＡ已經被打散，無法復原。

國際計畫團體採取的是階段式散彈自動解析裝置的方法。首先，將染色體分為十萬個鹼基鏈，再約分為一千鹼基鏈。分開時**依序編號**，解析後按照編號依序排列，就能夠重現原先的鹼基序列。

然而，按照順序進行解析雖然簡單又正確，但卻費時費事。

✣為什麼塞雷拉・傑諾米克斯公司解析的速度很快呢？

塞雷拉・傑諾米克斯採取的方法比較粗魯，稱為總基因組散彈自動解析法。將ＤＮＡ分散之後就大量讀取鹼基序列。

使用這種方法無法得知ＤＮＡ的前後順序，所以既不費事且速度極快。完全讀取後，再利用**高速大容量的電腦**，像拼圖似的方式拼湊起來。

這種粗魯的方法，拜巨大的電腦之賜，可以重現原本的ＤＮＡ。

塞雷拉・傑諾米克斯公司及班塔博士的國際計畫團體對其的自信，就是來自於這種技術。

Science memo

依序編號　將DNA細分，同時事先讀取DNA小片的配置。藉著這個記號，最後就可以使DNA復原。

總基因組散彈自動解析裝置

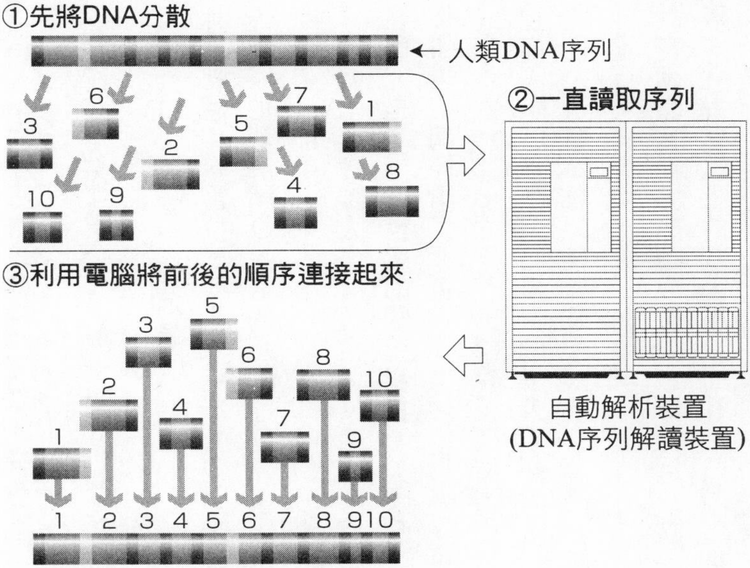

Science memo

高速大容量的電腦　使用1秒具有1兆3000億次運算處理能力的64BIT處理器，連接700個系統。

4

人類基因組解析競爭的結果

☆連總統都捲入這場競爭中，比預定時間提早十年結束

✣二〇〇〇年六月，白宮發佈消息

國際計畫團體和塞雷拉・傑諾米克斯公司，吸收兩陣營新技術的競爭不斷的加溫，大家忙著解讀DNA的鹼基序列。事實上，原訂以二〇一〇年爲目標的國際團體，提早了十年，亦即在二〇〇〇年解讀完成。

兩陣營的競爭確實讓大家獲益良多。然而，持續對立並不是好的現象，因爲基因組研究是**二十一世紀的關鍵科技**。美國政府非常了解這一點，於是由總統柯林頓居中調停兩大陣營。

二〇〇〇年六月二十六日，美國總統柯林頓和英國首相布萊爾，使用衛星線路，宣佈國際計畫團體已經讀取了人類基因組的概要。白宮邀請國際計畫團體的負責人**法蘭西斯・科林茲**，以及塞雷拉・傑諾米克斯公司的董事長班塔博士，進行共同會談。

國際計畫團體宣稱完成讀取概要。針對這一點，班塔博士則發表聲明，指出「讀取了九九％以上的基因組，而且按照順序重新排列完成」。雙方握手言和。

Science memo

21世紀的關鍵科技　預料將會成為比20世紀後半期的電腦技術更重要的產業。

2000年6月，在白宮進行世紀性的會面

同時，柯林頓總統表明不希望基因庫私人化的意思。美國專利商標局則表示，不明機能的基因不能成爲專利對象，藉此可以避免塞雷拉公司的基因組專利化。

二〇〇一年二月十二日，塞雷拉公司和國際計畫團體公開發表人類基因組解讀資料，但是，塞雷拉公司的資料卻附帶一些限制。亦即超過一百萬鹼基配對以營利目的加以利用時必須付費。

Science memo

法蘭西斯・科林茲(1950～)　遺傳學家。父親是一位演員，母親則是劇作家。1992年，成為NIH(美國國立衛生研究所)的人類基因組計畫代表。

5 人類基因組計畫讓我們了解哪些事項？

☆正式的研究才要展開，讓人了解某些耐人尋味的事項

✣基因組序列讓我們了解四大重點

國際計畫團體和塞雷拉・傑諾米克斯公司，兩者的激烈競爭，讓我們儘早了解人類基因組。經由解析，到底可以知道些什麼呢？最重要的是，何種鹼基序列會產生何種蛋白質，在人體上到底會產生何種反應。這些都有待今後的研究。

以下來探討一下基因組序列。

①人類的基因數比稻子更少

構成人體、能夠發揮作用的**蛋白質約二十萬種**。包括基於基因的訊息而製造出來的十萬種蛋白質及變形種。以往一直認爲製造蛋白質的基因數是十萬種。亦即，認爲一個基因製造一種蛋白質。

然而，我們看所有的人類基因組，找尋**基因存在的場所**，令人發現意外之處。亦即基因約只有我們原先估計的三分之一，也就是三萬五千個左右。果蠅一萬三千個、大腸菌四千三百個，與此相比，數目並不多。稻子估計有六～七萬個，約爲人類的二倍。

Science memo

蛋白質約20萬種　蛋白質是由20種的氨基酸所構成。藉著氨基酸的序列，決定蛋白質的種類。

人類的基因數極少，令人驚訝

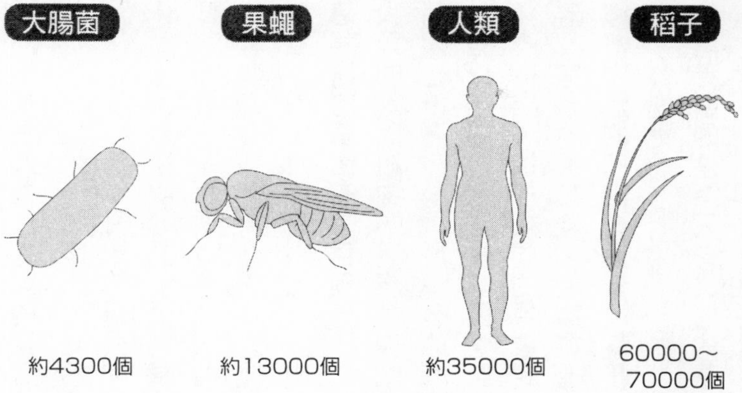

人類的基因比稻子少，但是，卻有語言，同時進行複雜的思考及學習。

可以想像的是，一個基因並非只製造一個蛋白質，而是具有能夠製造複數不同蛋白質的複雜系統。

另一方面，以往認爲的十萬個基因，現在已知只有三萬五千個左右。這時，慌了手腳的是製藥公司及基因組企業。因爲解析基因作用與專利有關，與藥品的開發和生意等都有關。

基因減少了三分之一，亦即原本十萬隻鹿，現在野外只剩三萬五千隻，所以，今後一旦正式展開找出基因作用的研究，將會再度掀起一場激烈的競爭。

Science memo

基因存在的場所　並非所有的基因組都記錄了有意義的訊息。基因只是其中的一小部分而已（參照37頁）。

②人種不同，但是九九・九%的基因組相同

「對於人種差別主義者而言，今天是最悲慘的一天。」

這是二〇〇〇年二月十二日公開基因組解讀資料後，法國負責研究開發的長官休瓦山保克所說的話。因爲根據這天公開的資料顯示，人種不同所出現的人類基因組的差距只有〇・一%以下。無論是膚色、眼睛的顏色、髮色、體質、體型或身高等，世界各人種給人差別極大的印象。不過，如果以基因組的觀點來看，並沒有很大的差距，因爲九九・九%是相同的。

③與細菌共通的基因有二百個

在人類的基因組中，發現了與細菌相同的基因，這也是頗耐人尋味的。二百個基因是果蠅和**酵母**所沒有的基因。既然在人類和細菌的進化過程中存在果蠅和酵母，那麼，這些基因應該不是細菌從人類那兒繼承過來的。

爲什麼會出現這種相同的現象呢？

現階段有力的假設是，人類在進化過程中，從細菌那兒取得基因。例如製造神經傳遞質的基因**血清素**，就是來自細菌的基因。由於經過這種植入，所以人類才會進化。

④人類與黑猩猩的差距只有二%的基因組

除了人類以外，目前也開始對各種生物的基因組進行解析。

Science memo

酵母　進行酒精發酵的一群菌類，為圓形或橢圓形的細微單細胞。利用出芽繁殖的單細胞的總稱。

人類的知性到底在何處呢？

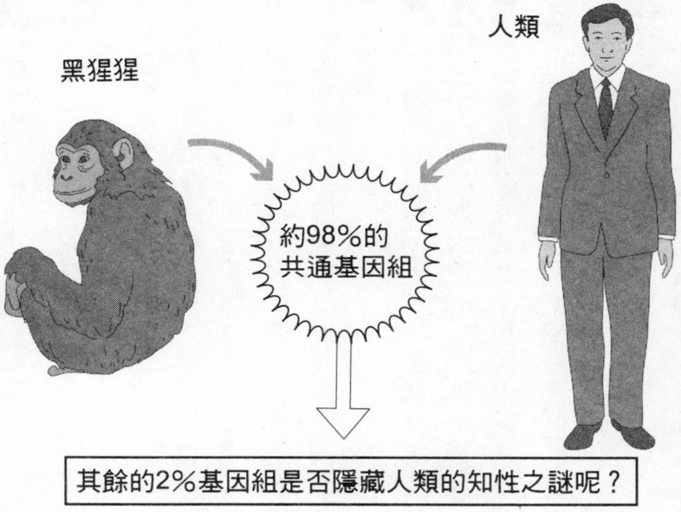
人類
黑猩猩
約98%的
共通基因組
其餘的2%基因組是否隱藏人類的知性之謎呢？

人類與其他動植物的基因組，差距到底程度如何呢？

人類與人類的近親黑猩猩的基因組的差距，估計只有二％。基因組數大致相同，爲三十億鹼基配對。比較這二％的差距，也許就可以知道人類知性的泉源。

此外，和其他的生物比較，目前已知人類基因組的特徵是，與免疫等保護身體的作用及神經有關的基因較多，與嗅覺有關的基因較少。

Science memo

血清素　大量存在於腦、脾臟、胃腸、血小板中，與平滑肌的收縮、血管的收縮、止血及腦的神經傳遞等有關。可以提高腦的活動。

6 朝下一階段出發的人類基因組計畫

☆目前只達到目標三分之一程度的人類基因組計畫

✣最快要到二〇〇三年計畫才會結束

公開全部的人類基因組資料，讓人覺得好像人類基因組計畫已經結束。實際上卻不是如此。人類基因組計畫不但沒有結束，反而才剛開始。

人類基因組計畫訂有三大目標。首先是製作輿圖，即找出所有基因位在染色體的哪個部分。其次是，解析基因組的鹼基序列。最後是，特定出基因的作用。

已經讀取完成的鹼基序列中，到底從哪個部分到哪個部分有基因、到底藉著何種構造對人體發揮作用，這些都是需要研究的事項。

事實上，目前只完成第二點基因組鹼基序列的決定，而且還不完善，只是**大致完成**的程度而已。由這意義來看，人類基因組計畫尚未完全結束，約至二〇〇三年才能結束。

✣後基因組十五年計畫

如以上所說的，原以爲人類基因組計畫已經結束，但是，生命科學要做的事並未完全結束，現在還是起步的階段，未來會陸續出現其他計畫。

Science memo

大致完成　雖然每個DNA片段的序列解析已經結束，但是相連DNA的連接尚未終了。

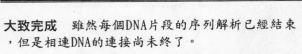

後基因組時代的預測圖

2010年
- ○基於遺傳訊息開發的醫藥品開始普及
- ○美國實行利用基因防止差別待遇的法律制度

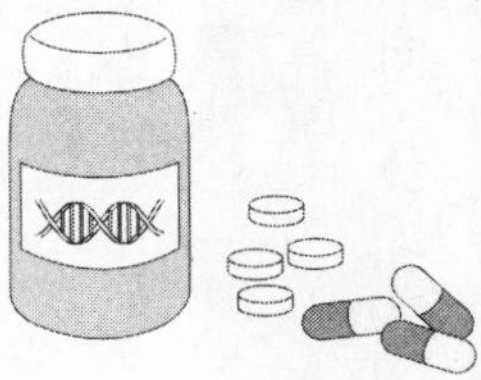

2020年
- ○銷售高血壓或糖尿病等基因治療藥
- ○進行以會引起癌症的問題分子為標的的治療

2030年
- ○完成人類細胞的完全電腦模型
- ○反對利用基因技術運動如火如荼的展開

人類基因組計畫的主角NIH及日本的**理化學研究所**等所參與的「調查蛋白質作用的國際共同計畫」，就是其中之一。目的是要解析對於人類產生作用的，所有蛋白質的功能。除了美、日之外，還有德國、英國、法國等十個國家參加。

從二〇〇二年秋天開始，預計費時十五年了解全部的內容。

Science memo

理化學研究所　1917年所創立的自然科學綜合研究所。範圍包括物理學、化學、工學、生物學、醫學等。從基礎研究到應用研究等方面展開各種的研究活動。

專欄 5

利用DNA識別個人的DNA鑑定

犯罪搜查或確認親子關係而利用的「DNA鑑定」，到底是什麼呢?以下就介紹其具體的方法。

鑑定複數的DNA，最普遍的是「DNA指紋法」。這個方法是，使用限制酶（參照九十二頁）切斷進行鑑定的DNA，再利用電泳法（參照一五二頁）處理其片段。由於每個人的DNA都不同，故即使利用相同的限制酶，切斷的位置也會不同。採取電泳法，DNA因長度不同，移動距離會改變，所以因人而異，出現的圖案（band）也不同。這個圖案就是DNA的指紋，稱為「DNA指紋圖譜」。

DNA指紋法需要大量沒有受損的DNA。如果是新鮮血液，則可以採取到大量的樣本來進行親子鑑定。如果只能採取到少量的DNA，那麼，就很難用來判定刑事案件。

因此，一般採用的是「PCR法(Polymerase Chain Reaction－聚石酶鏈反應)」，增加DN

A的片段而進行鑑定的方法。

在此，說明一下PCR法的順序。首先，製造出二股具有十五鹼基分序列的DNA片段（引子）。其次，加溫想要增加的DNA片段，去除氫結合，加入引子。慢慢冷卻後，分開DNA的一股鏈與引子結合。

這時，再加入增加DNA的酵素「DNA聚合 」，合成DNA鏈，即可進行複製。反覆數次，就可以大量增加。

由於發明PCR法，使得DNA鑑定的精準度和應用範圍都擴大了。

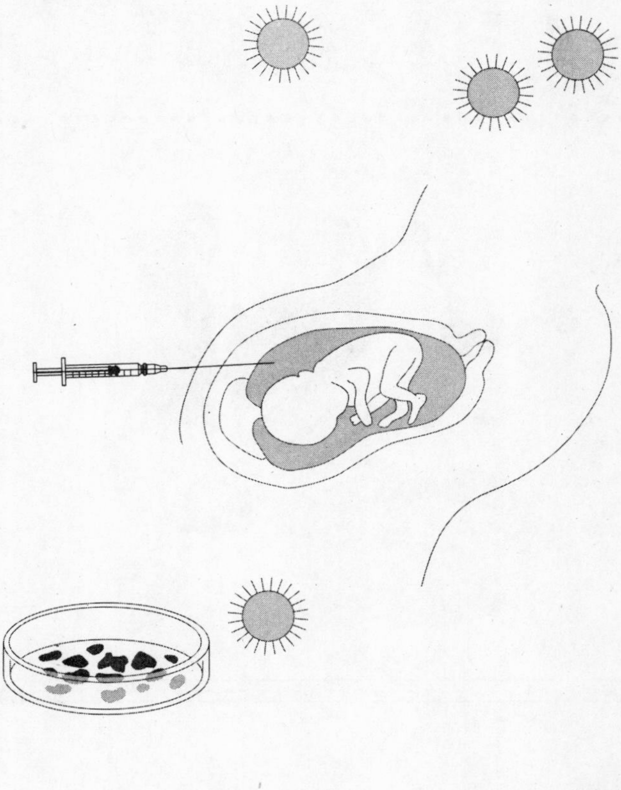

第6章

真的可以辦到嗎？
最尖端的「基因醫療」

☆ 基因醫療是什麼樣的醫療？
☆ ＤＮＡ晶片的登場會改變病歷嗎？
☆ 基因醫療可以克服癌症、愛滋病嗎？
☆ 量身訂作的醫療和基因組創藥的時代

1 基因醫療可以實用化到何種地步？

☆雖然基因醫療尚未完成，但還是陸續出現成功的例子

✣就像爆胎一樣，可以重新更換基因

眼鏡出現裂痕，可以更換新的鏡片；燈泡的燈絲斷裂，可以更換新的燈泡……。機械故障時，用正常的零件取代毀壞的部分，就可以重新修復。同樣的情形能夠應用在基因上嗎？這就是基因醫療的原始想法。亦即去除有問題的基因，更換爲正常基因，藉此治療與基因有關的疾病。

進行這種治療時，必須進行①找出成爲疾病原因的基因，②去除有問題的基因，③用正常的基因取代有問題的基因等作業。

然而，到目前爲止，人類基因組尚在解析中，很難特定出會成爲疾病原因的基因。另外，不具備更換有問題基因的技術，也沒有確立準確將基因送入目標場所的技術。

因此，現階段所採取的方法是，讓有問題的基因維持原狀，加入替代的基因或抑制疾病的基因來治療疾病。

一九九〇年，美國利用上述的方法，進行腺苷脫氨酶（ＡＤＡ）缺損症的治療，成爲通過正式許可手續而進行的**最初的基因治療**。

Science memo

最初的基因治療　1980年，加州大學的馬丁·克蘭因等人的研究團體，在未經許可的情況下，對於嚴重的遺傳性貧血患者進行最初的治療，但是並未成功。

基因治療的概念

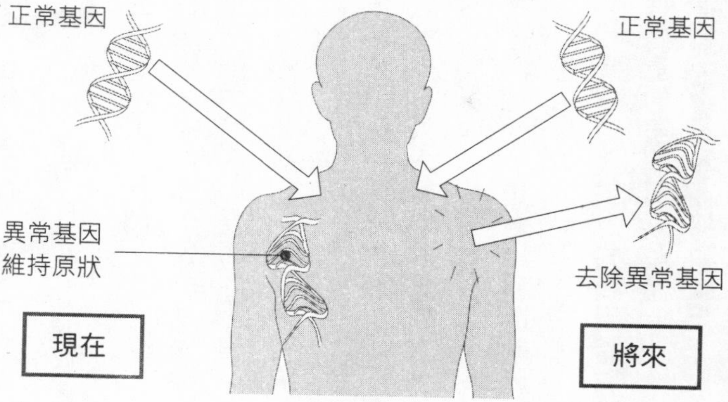

ＡＤＡ缺損症是指，會製造腺苷脫氨酶這種酵素的基因遭到破壞，而導致本來對於健康體不會造成傷害的病毒，可能會使患者失去生命。

以下簡單說明一下在美國所進行的治療法。

從患者體內取出**淋巴球**細胞，有問題的基因維持原狀。於該細胞中植入正常的ＡＤＡ基因，再將其植回細胞內。

一九九五年時，日本北海道大學首次進行與美國同樣的ＡＤＡ缺損症患者的基因治療。無論是哪個症例，接受治療後，患者都恢復了健康。

次項詳細探討將基因植入體內的方法。

Science memo

淋巴球　由脾臟或淋巴結製造出來的白血球，會分泌各種酵素，同時捕捉病毒，製造抗體。

2 將基因送入患者體內的方法

☆利用排除病毒病原性的反轉錄病毒送入基因

✣基因的運送者——載體

進行基因治療之際，要將基因植入細胞內，但卻無法注射裸露在外的基因。將正常基因植入患者的細胞內，需要有媒介物＝載體（vector）。載體，原本是指以病原菌爲媒介的昆蟲，在此，總稱爲「病毒等病原菌的運送者」。

基因治療所使用的載體有很多，最普遍的是改造**反轉錄病毒**的載體。通常，基因會由ＤＮＡ轉錄到ＲＮＡ，最後再生成蛋白質。反轉錄病毒則是將植入ＲＮＡ的基因轉錄到ＤＮＡ上。

利用這個特性，患者所需的基因植入反轉錄病毒，讓患者感染，則正常基因就可以送入患者的ＤＮＡ中。

此外，還有以人工方式利用脂質膜製造出來的脂質體，或是改造會感染呼吸器官病毒的**腺病毒**等載體。

✣無法得到確實安全性的載體

然而，載體並不是萬能的。藉著載體，利用現在技術植入的基因，無法

Science memo

反轉錄病毒　成為基因，具有RNA，藉著反轉錄進行感染，在細胞內轉錄自身RNA的病毒的總稱。

如何讓載體進入體內

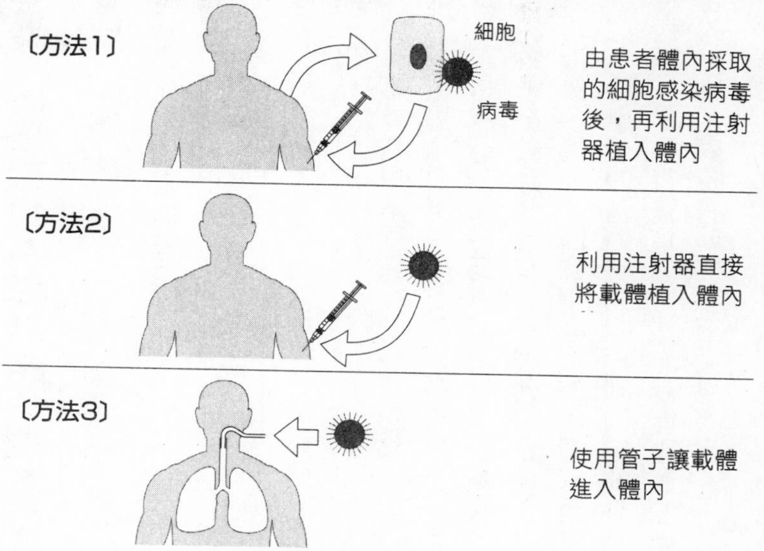

由患者體內採取的細胞感染病毒後，再利用注射器植入體內

利用注射器直接將載體植入體內

使用管子讓載體進入體內

控制到底會進入患者DNA的哪個部位，也許會切斷重要的基因，或加以破壞。

此外，當成載體使用時，必須事先去除病毒的病原性，但進入患者體內後，可能會再藉著某些作用而重新恢復病原性。

在尚未確立解決這些問題的技術之前，上述的方法並不安全。

基因治療就像才剛哇哇墜地的嬰兒一樣，期待其日益茁壯。

Science memo

腺病毒　感染人類扁桃腺細胞，會引起流行性角結膜炎或肺炎等疾病的病毒。擁有正二十面體，具有DNA。

3 出現DNA晶片時，病歷中可以記錄DNA嗎？

☆能夠詳細、迅速、輕易了解患者狀態的DNA晶片

✣利用基因調查患者的健康狀態

過去的病歷或過敏症狀、體質等都會造成影響，所以，有對於患者非常有效或無效的藥，以及可以或不可以投與的藥物等。目前關於個人的**病歷**，是由醫師詢問患者或進行血液檢查等記錄而成的。但是，像體質或過敏等問題，無法輕易的做出判斷，如果詳細調查這些項目，需要花較多的費用和時間。那麼，若是利用基因進行調查，結果會如何呢？

基於這種想法而誕生了DNA晶片。

DNA晶片是，利用高速解讀DNA鹼基序列的裝置。在小的玻璃基盤中，塞滿數千至數萬個擁有互補序列的DNA，再倒入從患者體內抽出的含有基因的溶液。調查基因會和晶片的哪個基因結合，就可以發現基因。

例如，將患者的基因倒入病毒基因組的DNA晶片中，即可判斷患者感染何種病毒。如果實踐這個方法，就能正確診斷患者的疾病。不只能夠配出最適合的藥物，同時有助於早期發現疾病。

Science memo

病歷　病歷原本是德文，在醫學上是指診療簿。病歷上，記錄與患者有關的檢查結果、處方、治療內容等資料。

DNA晶片的構造

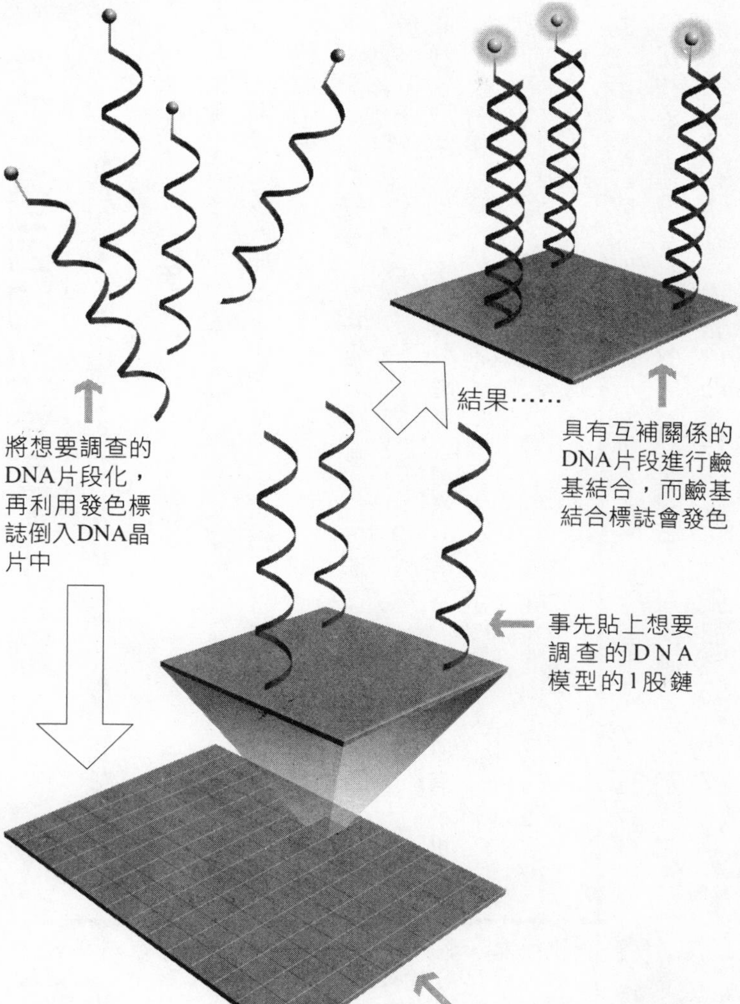
結果……
將想要調查的DNA片段化，再利用發色標誌倒入DNA晶片中
具有互補關係的DNA片段進行鹼基結合，而鹼基結合標誌會發色
事先貼上想要調查的DNA模型的1股鏈
稱為「亞雷依」的基盤

4 使用基因的血管再生治療

☆只要確立方法，患者就可以從危險的治療中解放出來

✣被稱為「成長因子」的基因能使正常血管再生

人類的血液循環全身，供應氧，運送營養和老廢物，以維持生命。血液通過的管道——血管阻塞或變細，血液循環不順暢，就會罹患疾病。最惡劣的情況可能會導致死亡。

例如，常見的**心肌梗塞**、**腦中風**等，都是血管阻塞造成的疾病。這類疾病可以藉著基因治療獲得改善，方法是使血管再生。

天生血管狹窄的人，表示其設計圖基因異常。這時，在血管狹窄、血液不易流通的血管旁的肌肉，注入一種「血管內皮成長因子」的基因，給予重新製造正常血管的設計圖。根據新的設計圖，細胞就能製造出正常的血管。這種治療法目前仍在進行中，而且得到極大的成果。

一九九九年，美國成功的進行讓心臟血管再生的手術。加入基因操作的DNA，直接注入製造患者心臟的肌肉（心肌）中。只要確立這種劃時代的手術法，就不需要施行讓進入血管內的汽球膨脹、擴張血管的汽球療法等危險的治療了。

Science memo

心肌梗塞、腦中風　冠狀動脈阻塞等原因導致心肌細胞壞死的疾病就是心肌梗塞。腦中風則是指「腦的血管障礙或循環障礙所引起的急性腦症狀」，並不是一種病名。

危險的汽球療法與移植片固定模療法

插入汽球
讓汽球膨脹

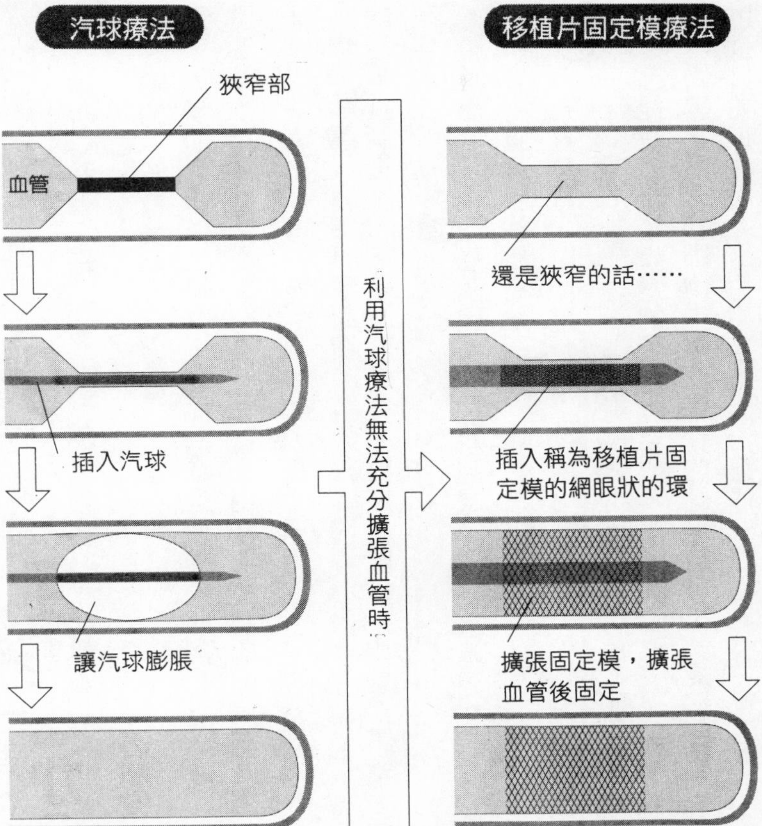
去除汽球
抽出導管，完成手術

狹窄部

利用汽球療法無法充分擴張血管時
還是狹窄的話……
插入稱為移植片固定模的網眼狀的環
擴張固定模，擴張血管後固定

藉著基因操作確立血管再生治療後，就不必再選擇這種危險的治療法了

5 可以利用基因治療法治癒「癌症」嗎？

☆解析「致癌基因」與「制癌基因」可以克服不治之症

✣癌症患者共通的「p53基因」的異常

現代醫學很難治癒癌症。那麼，癌症到底是何種疾病呢？

人類活著時，新舊細胞不斷的交替，這是由基因控制的。一旦基因出現異常，細胞無限制持續增殖，臟器無法發揮正常作用，此種狀態就會引發癌症。任何人都具有癌化可能性的細胞。

之前說過，控制細胞增殖的基因就是「**致癌基因**」，如果「制癌基因」能夠發揮正常機能，就不會罹患癌症。

反之，給予患者正常致癌基因或制癌基因時，只要該基因在患者體內發揮正常的作用，應該就能治癒癌症。

制癌基因分為好幾種，其中癌症患者的「p53基因」這種制癌基因多半會出現異常。「p53基因」具有抑制細胞無限增殖的作用，同時在細胞異常時，也具有發出促使其自殺指令的機能。

將p53基因導入癌化的細胞中，使癌化的細胞自殺，就能夠抑制癌細胞的增殖。這是目前正在研究中的癌症基因治療法。

Science memo

致癌基因　所有人都擁有的基因。基因正常時，可以控制細胞的增殖。對偶基因受損時，則會變成癌細胞。

東京大學醫學研究所所進行的癌症治療法

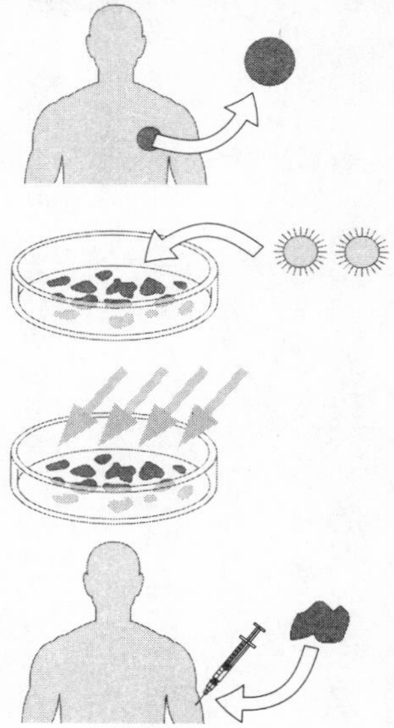
①
動手術切除腫瘤
②
培養一部分的腫瘤細胞，將刺激免疫系統物質的基因導入癌細胞中
③
照射放射線以消除癌細胞的增殖力
④
將導入基因的癌細胞重新植回患者的體內

導入p53基因時，可以利用載體直接注入癌細胞內。不過，這個方法現在還不完善，因爲難以辨認的患部不易進行導入。

即使能夠順暢的導入患部，約十個月左右，效果就會變差。再者，現階段只針對肺癌患者進行治療，所以無法確認對於其他癌症是否有效。

此外，目前也發現不少**p53基因以外的制癌基因**。基因導入技術已經大幅進步，也許在不久的將來可以克服癌症。

Science memo

p53基因以外的制癌基因　目前已經發現100多種致癌基因，具有代表性的是ras家族或erbB家族。目前發現的制癌基因則有RB1等。

6 在胎兒時期探測有無遺傳病的「出生前診斷」

☆與其說是技術的問題，不如說是要討論人道的問題

✣透過母親的血液血清可以安全的進行檢查

胎兒還在母親腹中時，事先調查胎兒是否罹患某些遺傳病，就是出生前診斷。其中一種方法是，利用母親的**血液血清**調查有無「**唐氏症**」等遺傳病的「母體血清標記」。檢查母親血清中所含的糖蛋白或荷爾蒙的數值之後，再與其他孕婦的平均值比較。

檢查時只需抽血，對於母體及胎兒都沒有危險。然而，這種方法只能達到類似「罹患唐氏症的可能性爲七十％」的準確率。例如，即使檢查八十％沒有可能性，但生下唐氏症兒的可能性還是有二十％。

準確率幾乎高達一○○％的檢查方法是，利用在羊水中胎兒細胞的片段檢查染色體的羊水檢查，或是經由陰道插入導管，從子宮內膜表面的纖毛採取染色體進行檢查的纖毛檢查等。但是，不管其中任何一種檢查，都會對母體造成極大的負擔。

✣檢查結果出爐後的問題

出生前診斷有一個最大的問題，就是「墮胎」。纖毛檢查可以在懷孕三

Science memo

血液血清　經由消化管吸收的養分運送到各組織，將二氧化碳和老廢物運出的血漿中去除纖維蛋白的物質。用以測定血液的成分等。

對母體負擔較小的血液血清標記

羊水檢查

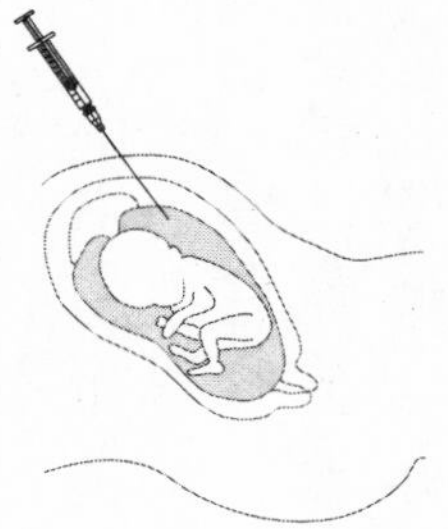

抽取羊水，調查胎兒細胞的DNA

準確率	高達100%
對母體胎兒的負擔	極大

母胎血清標記

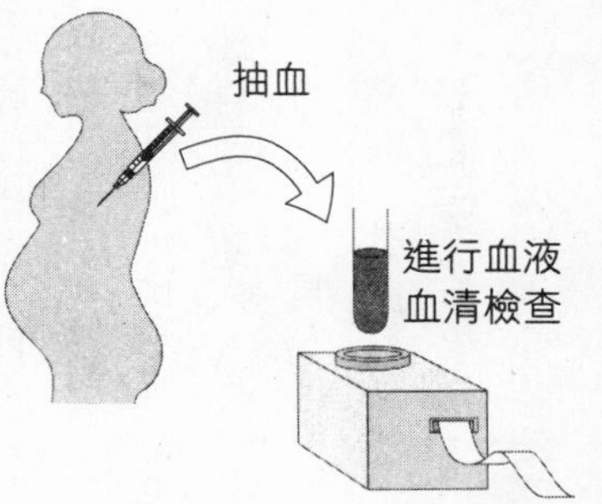

從母體抽血，取出血液血清進行檢查

準確率	只具某程度的準確率
對母體胎兒的負擔	較小

個月內進行，但血清標記檢查或羊水檢查，則必須在懷孕四～五個月內進行。因此，一旦發現罹患遺傳病而必須墮胎時，將對母體造成相當大的負擔。最惡劣的狀態是，可能以後都無法再生育。

此外，若罹患遺傳病，就墮胎的處理是否妥當，也是一大問題。假使因為孩子有障礙不想生下來而進行墮胎手術，是否侵犯了殘障者的人權呢？話題敏感，在各方面都引起極大的爭議。

Science memo

唐氏症　第21條染色體有3條，染色體總數為47條。會出現眼尾往上吊或精神薄弱等症狀。

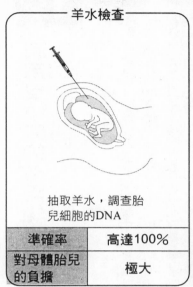

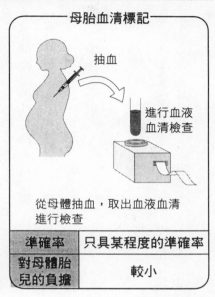

7 利用受精卵的基因檢查疾病的「著床前診斷」

☆受精後不久取出一個細胞檢查基因

✣懷孕前就可以檢查孩子

出生前診斷是，胎兒必須在母親腹中成長到某種程度後，檢查有無罹患疾病。對母體會造成負擔，而且一旦發現患病而想要墮胎時，會衍生道德上的問題，具有很多困難之處。於是發明在懷孕前進行檢查的著床前診斷。

著床前診斷是，從父親體內採取精子、從母親體內採取卵子進行體外受精。形成受精卵後，進行**四～八分裂**，並在細胞分裂時取出一個細胞，調查基因。確認無異常後，再將其餘的細胞放回子宮內。受精後不久的受精卵，就算只缺少一個細胞，也不會影響胎兒的成長。進行著床前診斷的孩子，世界上目前已經有三百多人。

使用這個方法，不具有像採取羊水或纖毛的危險性，同時能夠正確的檢查有無疾病。然而，著床前診斷的準確率不是一〇〇％。

事實上，即使檢查無異常，但是，懷孕後進行出生前診斷時，還是可能會發現罹患疾病。與出生前診斷同樣的，有差別問題等，對於患病或有障礙的人影響極大。

Science memo

4～8分裂　受精卵約在受精後7天內形成胚胎。在受精後1～2天受精卵變成4～8分裂。進行2次細胞分裂的狀態。

調查受精卵基因的著床前診斷

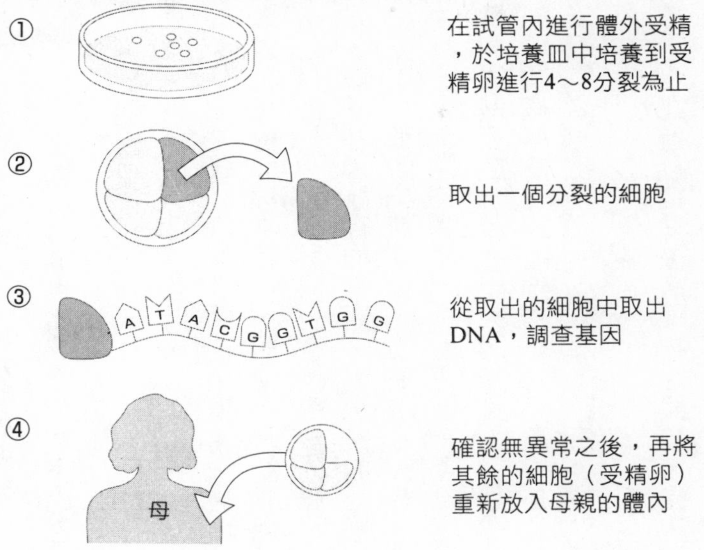
①
在試管內進行體外受精，於培養皿中培養到受精卵進行4～8分裂為止
②
取出一個分裂的細胞
③
A T A C G G T G G
從取出的細胞中取出DNA，調查基因
④
母
確認無異常之後，再將其餘的細胞（受精卵）重新放入母親的體內

特定的基因疾病成爲著床前診斷的檢查對象，會助長對疾病本身或患者及其家人的偏見。因此，日本有贊否兩派的意見。日本婦產科學會將其定位於「**臨床實驗**」，採取容許的態度。不過，日本政府尚未制定任何標準。

現在，仍然沒有開放對於生殖細胞進行基因治療。換言之，即使透過著床前診斷發現罹患疾病，也不能進行治療，其中還存在著許多亟待解決的問題。

Science memo

臨床實驗　為了幫助檢查及治療，使用生物體對於治療法或新藥進行實驗。是為了確認效果及安全性而進行的實驗。

8 基因治療VS愛滋病

☆藉著基因操作製造出來的ＲＮＡ分子或疫苗可以克服難治疾病

✣鎯頭核糖體切斷愛滋病

羅患後天免疫缺乏症候群時，ＨＩＶ病毒感染免疫細胞，經過數個月～十幾年的潛伏期之後，爆發性的開始增殖，破壞**免疫**細胞，這就是愛滋病。愛滋病患者免疫機能顯著降低，即使平常能夠輕易痊癒的疾病，也可能會危及其生命。目前是尚未開發出有效治療法的難治疾病之一。

但是，隨著基因技術的發展，愛滋病的治療法日益進步。其中之一是使用ＲＮＡ分子「鎯頭核糖體」的治療法。核糖體是幫助切斷ＲＮＡ鹼基序列的ＲＮＡ分子。運用其特性，使用ＲＮＡ發現病毒，將其切斷。

這種利用基因工學製造出來的物質，就是「鎯頭核糖體」。附著於愛滋病毒的「鎯頭核糖體」，能夠將愛滋病毒的ＲＮＡ切碎。巨噬細胞會將這個片段視爲不需要的物質而加以分解。雖然目前尚未實用化，但確實是值得信賴的治療法。

另外，也在進行抗愛滋病藥物的開發。能夠抑制細胞內受體以及與受體結合會引起疾病的傳遞質**配位體**的結合。如果說受體是鑰匙孔，則在配位體

Science memo

免疫　對於特定的病原體或毒素具有抵抗性，稱為免疫。包括在出生時就已經擁有的先天性免疫，以及出生後才獲得的後天性免疫。由白血球或淋巴球等負責這方面的任務。

利用基因工學製造出來的RNA分子分解愛滋病毒

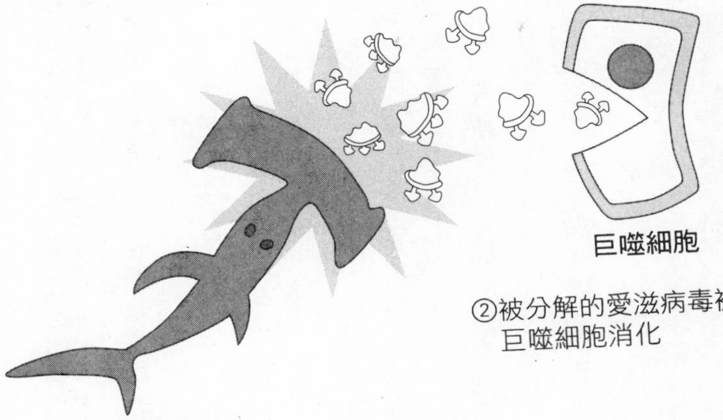
①鎯頭核糖體能夠分解
愛滋病毒的RNA
鎯頭核糖體

插入鑰匙孔之前，這種物質就是可以堵住孔的藥物。

此外，還有抑制愛滋病毒增殖的愛滋病疫苗或ＤＮＡ疫苗等。目前正加速開發治療愛滋病的藥物。

今後，關於基因的研究將會不斷的進步，也許不久的將來，愛滋病就會像感冒一樣，只要到醫院拿藥物回來服用就可以治癒。

Science memo

配位體　細胞間訊息傳遞質等，與受體結合的物質，總稱為配位體。如果說受體是鑰匙孔，則配位體就是鑰匙。

9 期待成為萬能細胞的「ES細胞」？

☆可以培養臟器！在醫療界掀起革命的人類ES細胞

✣由一個細胞製造出身體所有的部位

生物是由無數細胞所構成的。但追本溯源，其實是由一個受精卵進行分裂，形成身體各部位。成年之後，除了**心臟的肌肉**和中樞神經纖維一部分的細胞之外，其他細胞都會持續分裂，維持生命活動。換言之，受精後不久就開始進行細胞分裂的細胞，隱藏著能夠成爲人體所有部分的可能性。基於這個想法，研究者不斷探索萬能細胞。

一九九八年，**威斯康辛大學的研究團體**發現並培養出胚性幹細胞（embryonic stem cell）＝ES細胞。ES細胞是從剛開始進行細胞分裂的「胚」中取出的細胞塊。進行人工培養，可以使其無限增殖。

在此簡單說明一下。細胞中，有構成手臂或臟器並加以維持的細胞。同時又可分爲構成及維持手臂具有特定作用的細胞，以及成爲持續生長該細胞基礎的細胞。而成爲其基礎的細胞，稱爲「幹細胞」。幹細胞就像生下工蜂的女王蜂一樣。

卵子與精子受精，形成受精卵。受精卵分裂時，成爲手臂的細胞、成爲

Science memo

心臟的肌肉　心臟原有的肌肉。不眠不休進行規律收縮的肌肉。肌肉細胞藉著圓柱分歧為二個。分歧的肌肉細胞端與相連的心肌細胞結合，才能傳遞讓整個心肌收縮的刺激或收縮力。

製造ES細胞的方法

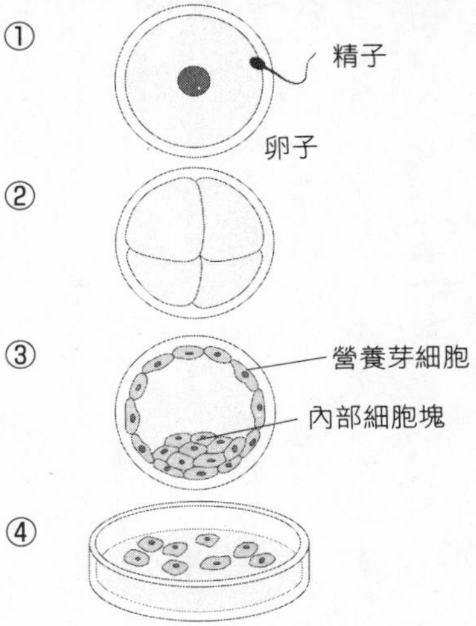

① 以人工受精的方式讓精子與卵子成為受精卵

② 等待受精卵的分裂

③ 受精後經過6天，由內部細胞塊取出胚性幹細胞（ES細胞）

④ 將ES細胞泡在培養液中使其增殖

取出的ES細胞無法成為胎兒

內臟的細胞等，該負責的任務都已經事先決定（參照五十頁說明）。亦即成爲各部位基礎的幹細胞基礎ES細胞，是決定各細胞任務的前階段細胞，其隱藏著可以成爲身體所有部分的可能性。

使ES細胞增殖＝培養，也許能夠成爲用來解開生物構造謎團的工具，同時可以期待它應用在醫療上。因此，世界上的研究者及企業對此寄予厚望。

Science memo

威斯康辛大學的研究團體　以J. 湯姆遜為主的研究團體。另外，瓊斯．霍普金斯大學的J. 吉亞哈特和傑倫公司的研究團體也進行同樣的研究。

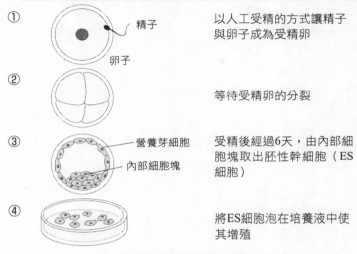

✣利用ES細胞大幅提升醫藥品的開發速度

活用人類ES細胞，潛藏著許多可能性。其中，率先使用的範圍是，爲了調查醫藥品的效果，篩選了數十萬種的化學藥品。

ES細胞朝著神經細胞或造血細胞等特定的方向分化，投與化學藥品，就可以對這些藥品進行分類，了解到底是有效或會造成不良影響的藥品。利用小老鼠這種與人類的結構、性質都非常相似的動物來做實驗。不過，爲了確保數目及成本等各種問題，所以無法充分進行實驗。如果人類的ES細胞能夠無限增殖，那麼，這些問題都能夠獲得解決。

✣也許可以成功得到量身訂作的臟器

此外，ES細胞還隱藏著極大的可能性。亦即移植醫療的應用。之前說過，現在還存在著移植用臟器或器官等產生排斥反應及臟器不足等問題。然而，若人類ES細胞能夠分化爲目的臟器或器官，則可以修補**壞死**的組織，或是像糖尿病患者，可以修復分泌**胰島素**的細胞，甚至是製造骨髓的細胞而獲得造血機能，移植生命活動所需的各種細胞。理論上，人類ES細胞確實可以製造出臟器、手臂、腿等身體各部分的零件。

如果可以辦到，就能夠立刻解決移植用臟器的不足或排斥反應等現代移植醫療的問題。可謂夢想細胞。

Science memo

壞死　生物體一部分的組織或細胞死亡的狀態。原因包括高溫、低溫、毒物或血液循環障礙。壞死的組織變成褐色或黑色時，稱為壞疽。

ES細胞的可能性

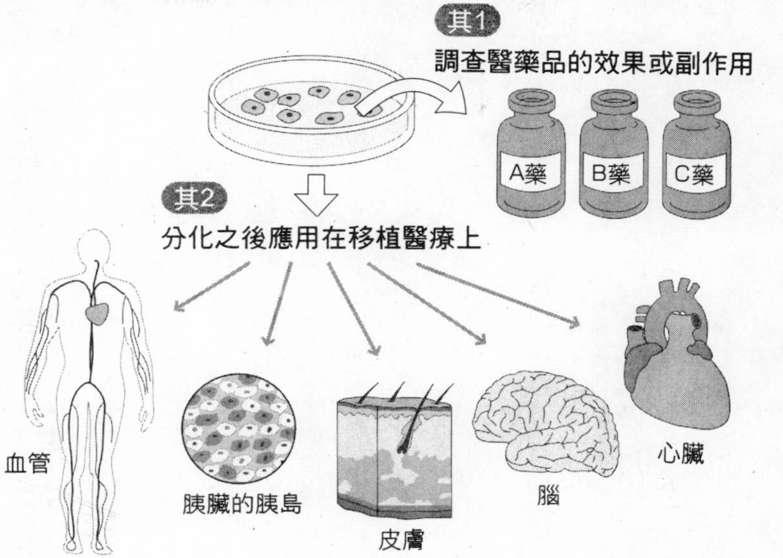

✣ES細胞何時能夠實用化呢？

當然，這只是夢想而已。事實上，要實現這種夢想的技術尚未開發出來。例如，人類ES細胞朝目的方向分化的技術目前尚未出現。

恐怕只有等到人類基因組完全解析出來、了解人類基因群到底具有何種作用之後，才能夠製造及維持各器官而解決前述的問題。

Science memo

胰島素　胰臟的胰島分泌出來的荷爾蒙。能夠促進葡萄糖合成糖原，同時具有促進葡萄糖氧化的效果，降低血糖量。

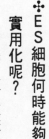

10 醫療邁入量身訂作的時代

☆不只是研究基因，也要研究藥品和蛋白質

✣從基因的特徵調配適合個人體質的藥物

就像每個人擁有不同的長相一樣，痣的位置和體型也不同。同樣的，基因也會因人而異，具有**某些不同的部分**。這部分就稱爲一鹼基多型（SNPs）。個人固有的訊息就是SNPs。如果能夠了解這個訊息，就知道何種藥物對於這個人有效、容易產生何種副作用，可以掌握個人的體質訊息。

亦即能夠給予並非適合萬人的藥物，而是適合「個人」的有效藥物，進行量身訂作醫療。再者，若是給予有效藥物，就不需浪費不必要的藥費，降低醫療費。

但有人說，這不是在數年內可以實現的醫療技術。目前所開的藥物，無法了解對何種蛋白質會產生何種作用。因此，要實現量身訂作的醫療，不只要研究SNPs，還必須研究藥物或蛋白質。

另外，表示人類個體差的SNPs高達一萬多種，甚至更多。想要逐一調查到底何種藥物能夠產生何種程度的效果，確實是相當困難的技術。

Science memo

某些不同的部分　像人類和黑猩猩DNA的鹼基序列差距只有2%。同樣是人類，個體差則不到1%。

解析SNPs可以進行量身訂作醫療

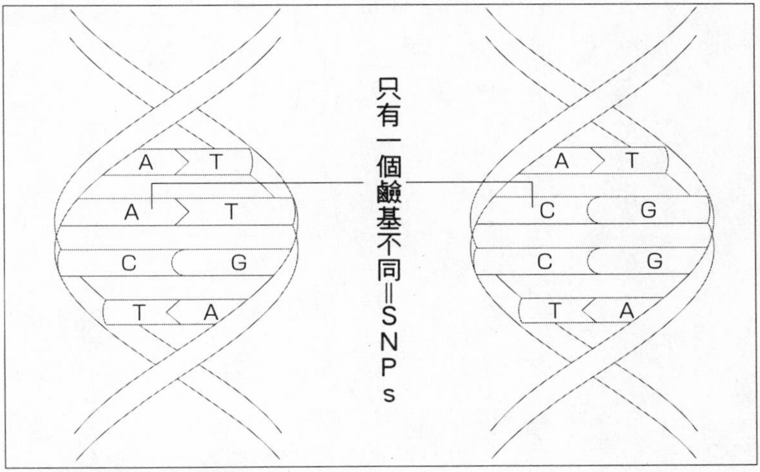

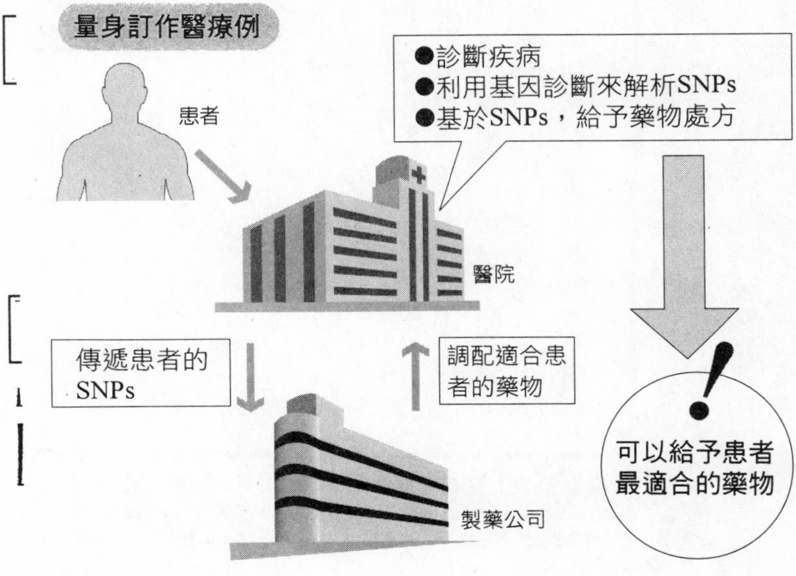

11 基因組創藥與動物工廠

☆利用基因操作，嘗試製造與以往想法不同的藥物

✣基因組創藥可以從根本治療疾病

你知道以往的藥物是如何開發出來的嗎?昔日採取的手法是，分析有藥效的成藥成分，以科學的方法加以合成，或是從細菌、黴菌等所製造的物質中，找出能夠做成醫藥品的物質，反覆進行動物實驗或臨床實驗。就某種意義而言，彷彿在進行捕捉白雲的作業一般。

然而，隨著人類基因組解析的進步，可以利用新的手法來開發藥物，即「基因組創藥」。在基因階段就可以掌握疾病發症的構造，同時找出成爲該疾病原因的基因或物質，再開發出將這種原因或物質當成攻擊目標的藥物，這就是基因組創藥。昔日的藥物是治療症狀的藥物，但基因組創藥，則是從根本上治療疾病原因的藥物，所以備受矚目。例如，胃潰瘍的藥物H2阻斷劑等，利用類似的方法製造出來的藥物已經出現。

✣擁有人類心臟的豬的生產工廠

另一方面，現階段也在進行於會分泌含有大量醫藥品成分的乳汁的牛等中，事先植入可以製造醫藥品的基因，亦即開發在體內生產、分泌醫藥品的動物——「導入外來基因動物」。由於是利用微生物或細菌來製造，所以能夠

Science memo

H2阻斷劑　組胺與在胃黏膜表面壁細胞的H2（受體）結合，使胃酸旺盛的分泌。而能夠阻止這個受體與組胺結合、抑制胃酸分泌的物質就是H2阻斷劑。

移植動物肝臟的流程

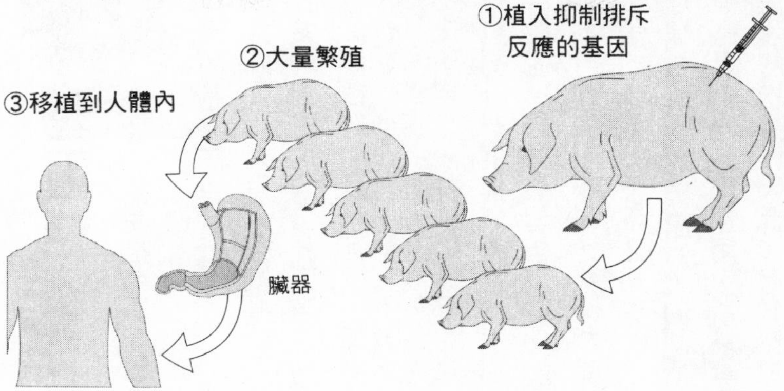

大量而有效的生產。換言之，已經在進行利用複製技術，使「導入外來基因動物」大量增殖的研究。

此外，還有其他利用動物的基因治療。例如，成爲臟器移植瓶頸的捐贈者不足及排斥反應的問題等，可以一舉加以解決的方法是，將動物臟器移植到人體內。排斥反應的典型構造是「**抗原抗體反應**」。

因此，可以事先製造出植入抑制抗原抗體反應基因的動物，再移植其臟器。適合的動物是，臟器大小和一部分機能與人類極爲相近，且能夠輕易大量飼養的豬。

當然，並非一生都要利用移植的豬的臟器，只是當成臨時臟器使用，直到找出捐贈者爲止。相關的方法，目前都在檢討中。

Science memo

抗原抗體反應　原本不存在於體內的蛋白質、多醣類或細菌等異物（抗原）侵入時，體內會製造出特定的物質（抗體）。抗原與抗體結合，產生特殊的反應。通常這是一種生物體的防衛機能。

12 基因治療有副作用嗎？

☆被視為安全的基因治療，目前已出現六九一件的副作用症狀

✣死亡原因是基因治療嗎？

一九九九年九月，美國某十八歲男性，疑似因爲基因治療出現症狀而死亡。該男性罹患了缺乏肝臟製造的酵素的缺損症。嚴重時，會出現嘔吐、痙攣、意識障礙等症狀而死亡。原本接受基因治療的男性，只能利用藥物抑制症狀。後來，爲了協助開發治療法而參與臨床研究。

臨床研究是，採取將腺病毒載體植入正常基因，再送入肝臟的方法。然而，這位男性患者體內被送入載體後，卻出現**黃疸**、血液凝固障礙、呼吸障礙等併發症，結果引起多臟器功能不全而死亡。關於該患者的真正死因，目前仍然不得而知。不過，後來根據美國國立衛生研究所的調查發現，使用腺病毒載體的基因治療臨床研究，出現六九一件的副作用。

以往對於基因治療研究的評價是：「雖然尚未達到可以期待有效性的程度，但是幾乎沒有副作用，所以實施這種治療研究本身沒有問題」。但是，出現上述的結果，因此，必須比以前更努力訂定基因治療的指導方針，並嚴格遵守。

Science memo

黃疸　血液中膽汁色素的主要成分膽紅素量過多所引起的疾病。包括肝臟障礙等所造成的黃疸，以及阻塞性黃疸及溶血性黃疸等。

進行基因治療的臨床實驗

日本的
「基因治療臨床研究相關指針」的
主要內容

- 致死性的遺傳性疾病、癌症、愛滋病等危及生命的疾病，以及與生命的品質有關的難治疾病，為主要的研究對象
- 估計受試者的好處多於壞處才能進行研究
- 估計是有效、安全而又具有科學性的研究
- 禁止會造成生殖細胞遺傳上改變的臨床研究
- 事先進行說明與同意（基於充分的說明並完全了解而取得同意）

▲

醫療機構依循這個指針提出申請

⇩

由厚生勞動省或文部科學省設置的審查機構審查

許可

⇩

實施臨床實驗

專欄 6

繼DNA晶片後，開發出蛋白質生物晶片

將鹼基置於基盤上，倒入想要調查的DNA，解析未知的DNA。一七二頁已經介紹過這種DNA晶片。

然而，要調查DNA晶片到底是何種蛋白質，會產生何種作用，非常的困難。

另外，以往的蛋白質解析，需要大量的蛋白質，而且無法同時觀察到許多蛋白質的狀態。

因此，最近注意到採用與DNA晶片同樣的手法，能夠充分了解蛋白質狀態的「蛋白質生物晶片」。

蛋白質晶片與DNA晶片同樣的，在基盤上放置抗體等「已知具有會與特定蛋白質結合性質的蛋白質」。

晶片中放入帶有發色用標誌的未知蛋白質試劑，藉著抗原抗體反應，這種蛋白質之間會互相結合的性質，讓排列的蛋白質與試劑結合。未結合的蛋白質則沖洗掉，做好準備。排在晶片上的

蛋白質的性質，都是已知的蛋白質，所以，可以知道試劑中蛋白質結合的性質。

此外，藉著發色的強弱，也可以知道其量。

為了解生物與基因的關係，不只是解析DNA，同時也必須解析利用DNA設計圖所產生的蛋白質的作用。藉著開發蛋白質生物晶片，能夠使得解析這類蛋白質的性質變得更輕鬆。

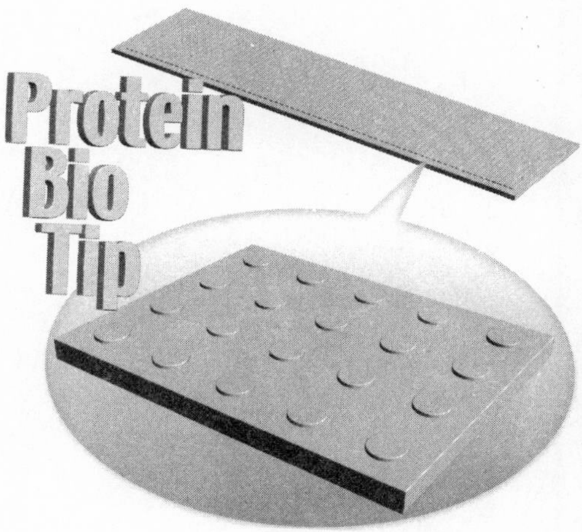

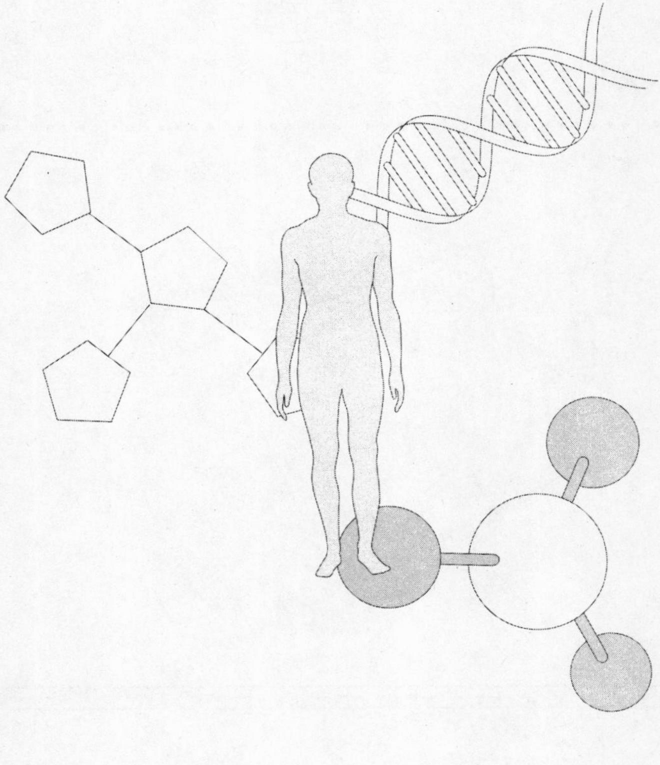

第7章

基因操作能夠將「人體改造」到何種地步？

☆ 基因操作能產生新的人類嗎？
☆ 解析老化基因，能夠實現長生不老的夢想嗎？
☆ 與頭腦聰明有關的基因型「IGF2R」
☆ 基因操作所引發的嚴重社會問題為何？

1 基因操作所產生的第二人類「基因富翁」

☆藉著持續導入強化基因，誕生擁有新基因的人類

✣出生時即擁有強化基因的孩子們

第六章探討過，醫療技術已經進步到利用基因治療能夠從根源治療疾病的程度。如果不考慮**倫理的問題**，則未來技術持續進步，可以對受精卵進行基因治療或導入基因，使得生下來的孩子可能對於癌症或愛滋病等疾病具有極高的抵抗力。

或是導入與知性或身體能力有關的基因＝強化基因之後，生下的孩子就擁有極高的潛能。普林斯敦大學的生物學教授**里・希爾巴**，將這種得到強化基因的人稱爲「基因富翁」。

✣基因富翁能夠遺傳

導入特定的基因而能夠從癌症或愛滋病等難治疾病中解放出來的方法，相信多數的父母都希望可以應用在自己的孩子身上。然而，要使生下的孩子具備這些特性，必須在受精卵階段就進行基因操作才行。等到發育成胎兒狀態、細胞分裂過度進行時才要改變所有細胞的基因，則已經來不及了。

那麼，如何對受精卵進行基因操作呢？

Science memo

倫理的問題　現階段，各國政府都不允許利用人為的方式，改造傳給子孫的生殖細胞的基因，禁止這種對於生殖細胞的基因進行導入的技術。

可能會誕生新人類

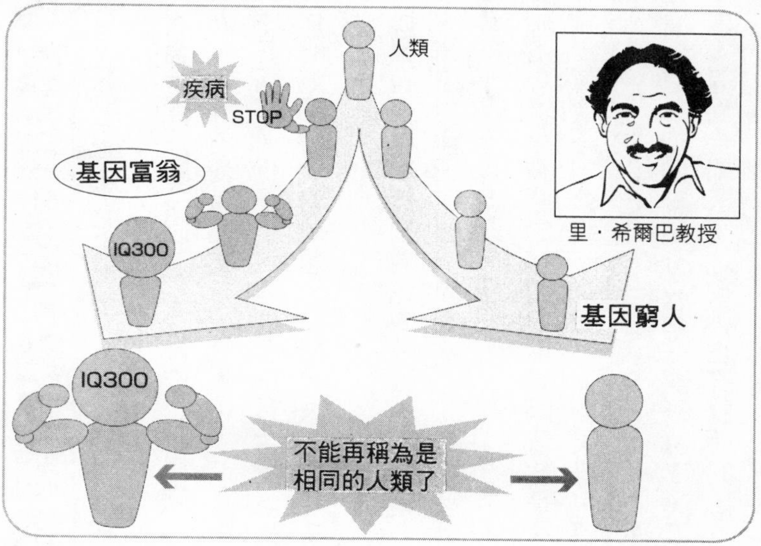

由於個人的細胞都可以變成原有的基因，所以，將自己的基因傳給子孫的生殖細胞的基因也可以替換。

換言之，基因富翁的孩子同樣是富翁。

與未導入強化基因的人相比，持續導入強化基因，將會拉大兩者之間的差距。

導入強化基因，將可能會藉著人類之手，製造出與以往的人類不同的人類。

Science memo

里・希爾巴(1952～)　分子生物學教授。畢業於賓州大學，在哈佛大學取得生物物理學的博士學位。曾在斯隆・凱塔林格癌症研究所、克爾德・斯普林格哈佛研究所工作。後來，移到普林斯敦大學。

2 長生不老之路已經不再是夢想

☆發現與老化有關的基因，就可以知道抑制老化的方法

✣與人類壽命有關的克洛特基因及染色體尾端

活到九六九歲的**麥特塞雷拉**、吃人魚肉而長生不老的八百比丘尼、長生不老的靈水甘露等，世界上流傳著各種長生不老的傳說。年輕長壽，可以說是每個時代的人都擁有的夢想。然而，未來或許不再是夢想，可以藉著基因研究而實現。

因爲已經陸續發現控制老化的基因，其中之一是「克洛特基因」。這個基因不只能夠控制精子或卵子的成熟，同時可以保持身體的機能正常，維持生物體的成熟，對於健康具有貢獻。

與細胞階段老化有關的基因而備受矚目的是「染色體尾端」。它位於ＤＮＡ的尾端，每次細胞分裂時會縮短。如果染色體尾端完全消失，細胞無法分裂就會死亡。現在則已經發現複製染色體尾端的酵素「染色體尾端酶」。此外，還有促進、抑制細胞分裂的「莫塔林Ⅰ・Ⅱ」基因，以及一些與老化有關的基因。等到全都了解之後，也許就能完成人類長生不老的夢想。

Science memo

麥特塞雷拉　舊約聖經「創世紀」中記載活到969歲的長壽者。是「諾亞方舟」諾亞的祖父。後來在歐美成為活化石的代名詞。

與壽命有關的染色體尾端及染色體尾端

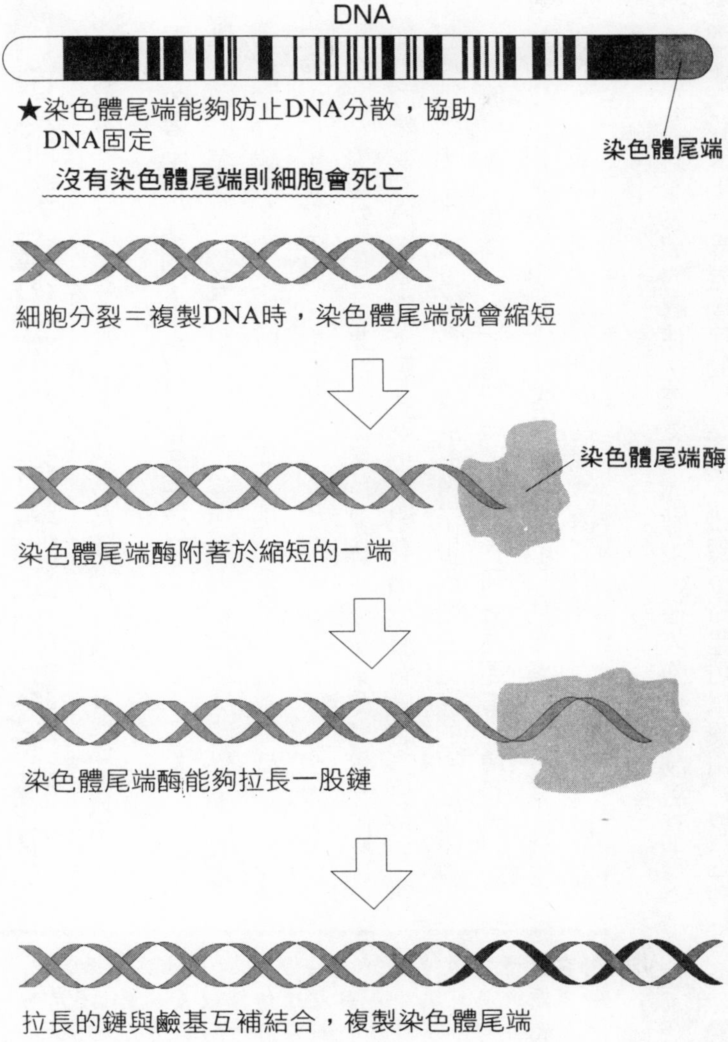
DNA
★染色體尾端能夠防止DNA分散，協助DNA固定
染色體尾端
沒有染色體尾端則細胞會死亡
細胞分裂＝複製DNA時，染色體尾端就會縮短
染色體尾端酶
染色體尾端酶附著於縮短的一端
染色體尾端酶能夠拉長一股鏈
拉長的鏈與鹼基互補結合，複製染色體尾端

3 可能製造出不會得癌症的孩子嗎？

☆雖然不能完全防止，但確實可以製造出降低罹患癌症可能性的孩子

✣與其說癌症的原因是基因，不如說是生活環境

在基因治療的章節中爲各位說明過，癌症與基因有密切的關係。一旦會促進、抑制細胞分裂的基因受損時，細胞無法停止分裂，就會降低臟器的機能，奪走生命。這就是癌症。

雖然現在無法完全特定出成爲癌症原因的基因，但這只是時間早晚的問題而已。如果能夠找到原因基因，應該就可以開發出治療癌症的方法。一般人認爲，想要製造出生下來就不會得癌症的孩子很困難。癌症的原因確實是在基因，但是放射線、食物、生活習慣或環境等各種**外在因素**日積月累，導致後天發病的比例相當高。事實上，遺傳性的癌症只佔少數。在受精卵時，去除遺傳性的致癌基因，則即使注意飲食或生活習慣等，周圍的環境也不是光靠個人的力量就能改善的。

方法是，提高對於癌症的耐性。在受精卵階段，植入強化的制癌基因，就可以降低比一般人更容易得癌症的可能性。雖然不只是可以應用在對付癌症上，但基因也不是萬能的。

Science memo

外在因素　在美國，八分之一的女性在95歲之前會罹患乳癌。其中，具有遺傳性因素的只佔5%而已。由此可知，癌症受到周圍的影響極大。

利用基因治療可以防癌嗎？

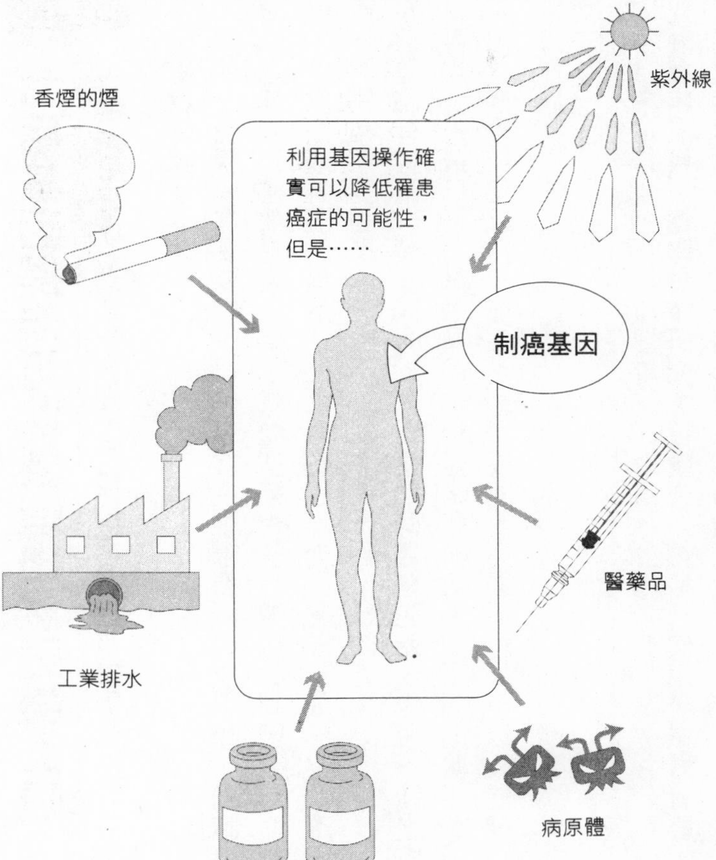

日常生活中充斥著會引發癌症的原因（＝變異源），所以不可能完全防止！

4 利用基因操作可以製造出俊男美女嗎？

☆雖然可以改變容貌，但不可能製造出理想的容貌

✣美形基因不存在嗎？

精子與卵子受精成爲受精卵，反覆進行細胞分裂而形成人類。細胞分裂的設計圖就是基因。當然有決定臉形或體型等容貌、體態的基因。只要找出這個基因，了解形成容貌的構造，則利用基因操作，應該就能輕易的改變容貌。不過，即使利用基因操作，也不可能製造一模一樣的人。

世界上並沒有容貌一模一樣的人，即使是**同卵雙胞胎**，也有不同之處。就算可以發現與形成臉形有關的基因，但是，所有人都有不同的臉，想要了解何種基因會形成何種臉形，幾乎是不可能的。不過，也許可以改變髮色或膚色吧……。

✣利用基因操作防止禿頭

對於大部分的男性而言，最大的煩惱可能是禿頭吧！

一九九九年三月，德國皮膚研究家拉爾夫・帕斯，使用老鼠做實驗，結果發現會促進掉髮物質的基因，同時發表其結論。

他表示，製造頭髮的**毛囊**浸泡在「ＢＤＮＦ」、「中子４」等化學物質

Science memo

同卵雙胞胎　一個受精卵產生二個個體，擁有完全相同的基因結構。異卵雙胞胎是二個卵子同時受精，擁有的基因則因個體的不同而有不同。

也許可以改變大致的容貌

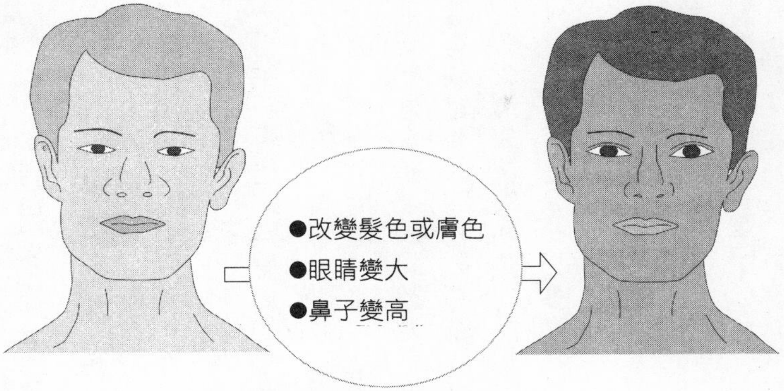
●改變髮色或膚色
●眼睛變大
●鼻子變高

可以改變一些零件，但是……

「想要擁有一模一樣的臉」等，想要隨心所欲的操作臉形幾乎不可能

中，則毛囊會收縮，頭髮會掉落。

若果促進腦細胞成長的「神經成長因子」與某種物質（受體）結合時，就會按下使毛囊收縮的開關。亦即若是不讓受體和「BDNF」、「中子4」結合，就可以防止禿頭。

雖然不能藉著基因操作製造一個不會禿頭的身體，但若是完成這種藥物，則對於爲禿頭所苦的許多男性而言的確是一大福音。

Science memo

毛囊　囊就是指袋的意思。毛囊是指讓頭髮生長出來的袋狀器官。通常頭髮一個月會長1.25毫米。隨著年齡的增長，製造頭髮的能力會衰退。

5 能製造出奧運五項金牌的ＩＱ三百的超人嗎?

☆只要發現與智能、體能有關的基因，就可以製造出超人

✣與智能有關的基因「ＩＧＦ２Ｒ」

少數考取大學的小學生被視爲天才，ＩＱ相當高。ＩＱ是實際年齡除精神年齡，再乘一百倍的數值。如果精神年齡與實際年齡相同，那麼，ＩＱ爲一百。在此所謂精神年齡，指的是測驗同齡數學能力、語言能力及空間認知能力等智能檢查的平均值，並相互比較而得到的數值。簡言之，十歲ＩＱ三百時，則智能檢查結果爲同齡者平均值的三倍。

是否有決定智能的基因呢？一九九八年，倫敦精神科學研究所的洛巴特・普洛明等人發表研究結果，認爲「ＩＧＦ２Ｒ」第六染色體上的基因與智能有關。「ＩＧＦ２Ｒ」是**多型**基因，ＩＱ較高的人，「ＩＧＦ２Ｒ的５型」較多，而ＩＱ平均的人，則「４型」較多。

擁有５型則智商不一定就較高，但是，這個基因確實和智能有關。如果能夠多發現這些基因，也許就能夠製造出智能較高的孩子來。

✣能夠製造出體能較高的人

那麼肌力、爆發力、持久力等體能又如何呢?遺憾的是，目前並未發現

Science memo

多型　即使基因相同，但是個體和鹼基序列也不同，故稱為多型。像人類基因組的多型可以用來進行DNA鑑定，或是找出會造成不同體質的基因。

決定頭腦聰明與否的聯合區

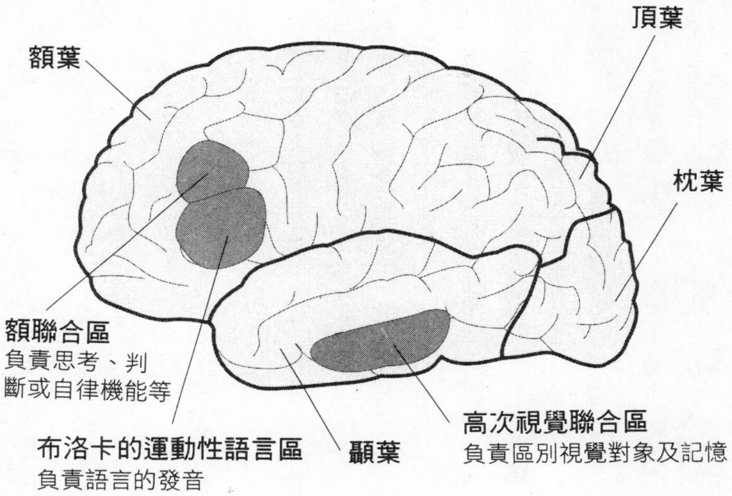

體能與基因有什麼明確的關聯性。要發現與智能有關的基因，理論上這也是可以辦到的事情。

不過，要在短時間內創造可以產生兼具爆發力的**速肌**或持久力的**遲肌**的超人卻很困難。

總之，關於智能或肌力等方面，會因生長環境或訓練等本人的努力而有很大的變化。即使基因的素養較高，但是，現實能力不一定就很棒。

Science memo

速肌、遲肌　肌肉有速肌（白肌）與遲肌（紅肌）之分。量的多寡因人而異。一般而言，速肌適合爆發性運動，遲肌則適合持久性運動。

6 改造人體所引起的社會危險性①

☆基因研究的進步是否會使惡名昭彰的優生學復活呢？

✣引起大屠殺的優生學

第二次世界大戰時，納粹德國殘殺了數百萬名猶太人。而引發這個值得唾棄的歷史的關鍵之一就是優生學。

優生學這個名詞，是一八八五年由**查爾斯・達爾文**的表弟英國的法蘭西斯・戈登所提出的。簡單的說明一下，優生學就是指，遺傳上較優秀的人擁有較多的孩子，遺傳上較差的人若沒有孩子，則所有的人類都能夠擁有優秀的遺傳素質。

結果，出現了讓具有這些遺傳素質的人增加的「積極的優生學」，以及讓不希望擁有的遺傳要素的人減少的「消極的優生學」這二種觀點。納粹德國的暴行，則是從消極優生學的立場出發。

一九〇〇年代初期到第二次世界大戰結束後，美國、丹麥、日本和德國等許多國家，基於優生學，制定了優生政策。惡名昭彰的納粹德國的「**安樂死計畫**」就是其中之一。一九九六年，日本終於修改的「優生保護法」，也是基於優生學而制定的。所謂優生保護法是，擁有特定遺傳性疾病的人可以

Science memo

查爾斯・達爾文（1809～1882） 英國的動物學家。搭乘測量船小獵兔犬號，環繞南美、南太平洋群島等各地收集資料。藉由「種的起源」發表進化論。

進行不孕手術的法律。

目前幾乎大部分的國家都廢除了優生學的相關法令。然而，希望擁有智能或體能較高的孩子、希望創造對於疾病具有抵抗力的孩子，或是導入強化基因，希望創造更優秀的人的人體改造，充滿了會產生新優生思想的危險性。

今後，隨著基因技術的研究發展，涉及倫理方面的問題將會不斷的被提出來。

優生學的歷史

紀元前 4 世紀	古希臘哲學家柏拉圖主張「理想社會的支配者應該偷偷的安排讓『希望的男女』交合」
1885年	英國的科學家法蘭西斯・戈登提出「**優生學**」的一詞
1907年	美國印地安那州制定最初的絕種法
1913年	美國28州禁止不同人種間的通婚
1929~1937年	丹麥、挪威和瑞典等歐洲數國制定絕種法
1933年	納粹德國制定絕種法（人種衛生法）
1939年	納粹德國殺害精神障礙者及身體障礙者，展開「**安樂死計畫**」
1948年	日本制定「**優生保護法**」

21世紀，基因技術突飛猛進，也許又會產生新的優生學

Science memo

安樂死計畫　1939～41年，納粹德國展開殺害精神及身體障礙者的計畫。殘殺了七萬多人。

7 改造人體所引起的社會危險性②

☆無論工作或結婚，全都變成基因時代

✣是否會因為基因而求職遭拒呢？

「因為你在三十年後罹患心肌梗塞的機率高達五十%，所以不能夠雇用你。」

　數年後，求職面試、投保或結婚時，都可能會面臨這種情況，出現差別待遇。

　像這種基於基因特徵所產生的差別待遇，稱為「基因差別待遇」。解析基因之後，不只是會出現**遺傳性疾病**的人，具有發病可能性的人或基因可能會傳給子女的人，都可能遇到這種差別待遇。其中，當然會衍生藉著基因操作改造人體的想法。導入強化基因，可以培養對於疾病的抵抗力，或是提升智能、體能等。不過，未導入強化基因與導入強化基因的人，兩者之間會拉大差距，造成具有差距的危險性。

　基因技術的發展，可以期待在醫療或生命的理解等方面，締造輝煌的成績，但另一方面，必須切記，同時可能會製造出新的社會問題。

Science memo

遺傳性疾病　基因異常所引起的疾病。包括血友病、色盲、亨廷頓病及遺傳性癌症等。

利用基因知道自己的未來，將會產生差別待遇

從○×先生的基因來觀察其能力表

●30年後的健康狀態

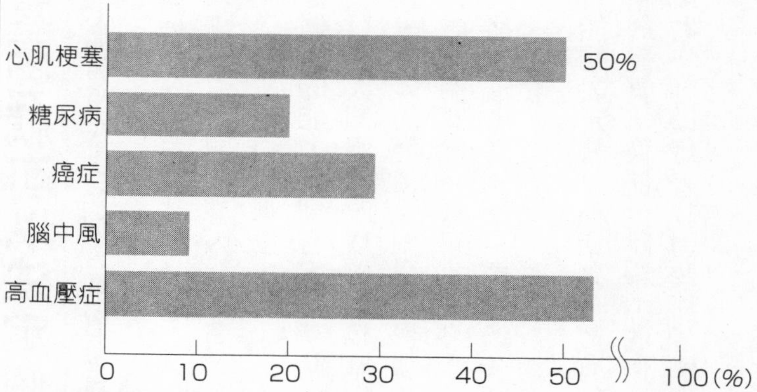

●遺傳性疾病 有 無

●體能的最大值

跑100公尺	12秒
跑10公里	45分
舉重	100kg
反覆側跳	60次／30秒
遠投	70m
肺活量	3200cc

可能會出現在生下的同時附帶這種能力表的時代……

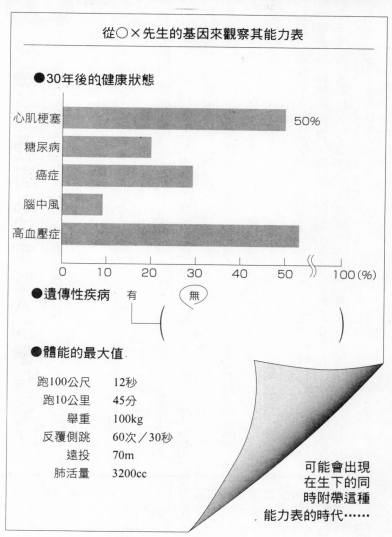

8 只憑基因就可以決定個人的價值嗎？

☆基因不能夠用來支配個人的體質或素養

✣只是能夠擴大可能性的基因操作

假設發現與個人跳躍力有關的基因。接著，具有相同跳躍力的十個人進行相同的基因操作，提高跳躍力。那麼，這十個人全都會跳得一樣高嗎？如果只憑基因就能決定個人的能力，則答案當然是ＹＥＳ。然而，實際上有的人跳躍力多出二倍，有的人卻不會改變。因爲基因只能擴大增加跳躍力的可能性，實際情況則要視本人的努力及環境的影響。

以疾病爲例來探討這個問題。像日本人多半擁有**與高血壓有關的基因**，但是不一定所有的人都會罹患高血壓。攝取過多鹽分和動物性脂肪的人，較容易發病。

換言之，基因只能夠表示體質與素養。擁有與高血壓有關的基因，表示擁有容易罹患高血壓的體質。像前述跳躍力的例子，只顯示擁有能夠跳得更高的素養而已。未來也許可以藉著基因診斷了解人類所有的基因，但是，不能夠單憑基因來判斷個人。

Science memo

與高血壓有關的基因　像高血壓蛋白原酶等候補基因相當多，但是目前確認與高血壓有關的只有血管緊張素原（AGT）基因而已。

基因操作只能擴大人類的可能性而已

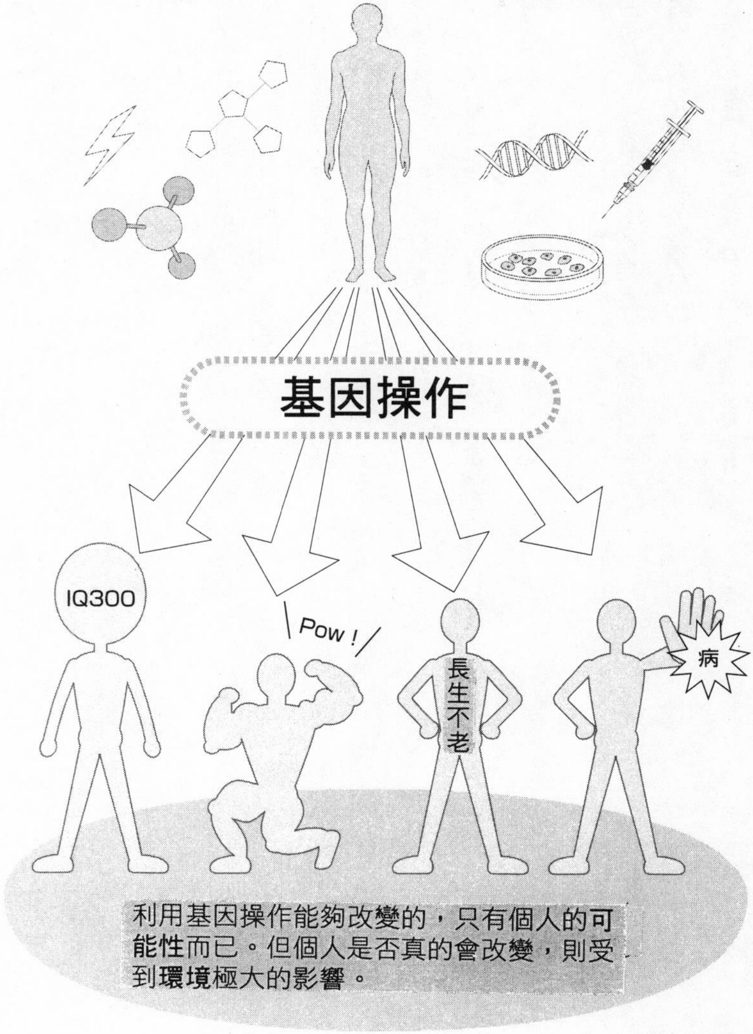
基因操作
IQ300
Pow！
長生不老
病
利用基因操作能夠改變的，只有個人的可能性而已。但個人是否真的會改變，則受到環境極大的影響。

【参考文献】

『全図解　遺伝子ビジネス革命　入門の入門』　海老原充＝著（あさ出版）
『そこが知りたい！　遺伝子とDNA』　中原英臣＝著（弊社刊）
『遺伝子問題とはなにか』　青野由利＝著（新曜社）
『人体改造』　寺園慎一＝著（NHK出版）
『わかる！　遺伝子』　別冊宝島編集部＝編（宝島社）
『3日でわかる遺伝子』　青野由利・渡辺勉＝著（ダイヤモンド社）
『図解　ヒトゲノムのことが面白いほどわかる本』　大朏博善＝著（中経出版）
『図解雑学　DNAとRNA』　岡村友之＝著（ナツメ社）
『図解雑学　遺伝子組み換えとクローン』　大石正道＝著（ナツメ社）
『遺伝子の世紀』　矢沢サイエンスオフィス＝編（学習研究社）
『ES細胞』　大朏博善＝著（文藝春秋）
『遺伝子組換え食品』　川口啓明・菊地昌子＝著（文藝春秋）

『知っておきたい遺伝子組み換え食品の知識』　天笠啓祐＝著（日本実業出版社）
『世界の食糧危機を救った男』　千田篤＝著（家の光協会）
『種子は誰のもの』　P・R・ムーニー＝著（八坂書房）
『生物事典　改訂新版』　江原有信・市村俊秀＝監修（旺文社）
『生物小事典　第2版』　三輪知雄・丘英通＝監修（三省堂）

【用語解說索引】

（以筆劃順序排列）

【主編介紹】

海老原　充

◎——1963 年出生於日本東京都。畢業於東京大學農學部農藝化學科，為農學博士。

◎——同年，進入東京大學研究院農學系研究科擔任助手，進行關於人類第21條染色體的研究等。後來，到英國Imperial Cancer Research Fund・Medical Oncology Unit留學。從1999年開始，擔任理化學研究所腦科學綜合研究中心研究員，進行關於癲癇原因基因等的研究，直到現在。

◎——主要著書包括『基因改造實驗筆記本—基礎操作篇』、『基因改造實驗筆記本—應用操作篇』、『全圖解基因商業革命入門的入門』。

【作者介紹】

富永　裕久

◎——1964 年出生於日本北海道。畢業於東京理科大學後，以自然科學為主，發行單行本。同時，在雜誌、報紙及網路上相當活躍。

◎——主要著書包括『圖解人體的神奇』(熱門新知；2)、『費馬的最後定理』、『左與右的科學』、『網路的今天與明天』。

八色　祐次

◎——1972 年出生於日本東京都。畢業於東洋大學後，曾任編輯製作。後來，進入凱斯里公關室工作，進行人物專訪，以及從事居家、美食等各種報導。

4. 已知的他界科學 陳蒼杰譯 220 元
5. 開拓未來的他界科學 陳蒼杰譯 220 元
6. 世紀末變態心理犯罪檔案 沈永嘉譯 240 元
7. 366 天開運年鑑 林廷宇編著 230 元
8. 色彩學與你 野村順一著 230 元
9. 科學手相 淺野八郎著 230 元
10. 你也能成為戀愛高手 柯富陽編著 220 元
11. 血型與十二星座 許淑瑛編著 230 元
12. 動物測驗—人性現形 淺野八郎著 200 元
13. 愛情、幸福完全自測 淺野八郎著 200 元
14. 輕鬆攻佔女性 趙奕世編著 230 元
15. 解讀命運密碼 郭宗德著 200 元
16. 由客家了解亞洲 高木桂藏著 220 元

・女醫師系列・品冠編號 62

1. 子宮內膜症 國府田清子著 200 元
2. 子宮肌瘤 黑島淳子著 200 元
3. 上班女性的壓力症候群 池下育子著 200 元
4. 漏尿、尿失禁 中田真木著 200 元
5. 高齡生產 大鷹美子著 200 元
6. 子宮癌 上坊敏子著 200 元
7. 避孕 早乙女智子著 200 元
8. 不孕症 中村春根著 200 元
9. 生理痛與生理不順 堀口雅子著 200 元
10. 更年期 野末悅子著 200 元

・傳統民俗療法・品冠編號 63

1. 神奇刀療法 潘文雄著 200 元
2. 神奇拍打療法 安在峰著 200 元
3. 神奇拔罐療法 安在峰著 200 元
4. 神奇艾灸療法 安在峰著 200 元
5. 神奇貼敷療法 安在峰著 200 元
6. 神奇薰洗療法 安在峰著 200 元
7. 神奇耳穴療法 安在峰著 200 元
8. 神奇指針療法 安在峰著 200 元
9. 神奇藥酒療法 安在峰著 200 元
10. 神奇藥茶療法 安在峰著 200 元
11. 神奇推拿療法 張貴荷著 200 元
12. 神奇止痛療法 漆 浩 著 200 元

・常見病藥膳調養叢書・品冠編號 631

1. 脂肪肝四季飲食 蕭守貴著 200 元
2. 高血壓四季飲食 秦玖剛著 200 元
3. 慢性腎炎四季飲食 魏從強著 200 元
4. 高脂血症四季飲食 薛輝著 200 元
5. 慢性胃炎四季飲食 馬秉祥著 200 元
6. 糖尿病四季飲食 王耀獻著 200 元
7. 癌症四季飲食 李忠著 200 元

・彩色圖解保健・品冠編號 64

1. 瘦身 主婦之友社 300 元
2. 腰痛 主婦之友社 300 元
3. 肩膀痠痛 主婦之友社 300 元
4. 腰、膝、腳的疼痛 主婦之友社 300 元
5. 壓力、精神疲勞 主婦之友社 300 元
6. 眼睛疲勞、視力減退 主婦之友社 300 元

・心 想 事 成・品冠編號 65

1. 魔法愛情點心 結城莫拉著 120 元
2. 可愛手工飾品 結城莫拉著 120 元
3. 可愛打扮 & 髮型 結城莫拉著 120 元
4. 撲克牌算命 結城莫拉著 120 元

・熱 門 新 知・品冠編號 67

1. 圖解基因與 DNA （精） 中原英臣 主編 230 元
2. 圖解人體的神奇 （精） 米山公啟 主編 230 元
3. 圖解腦與心的構造 （精） 永田和哉 主編 230 元
4. 圖解科學的神奇 （精） 鳥海光弘 主編 230 元
5. 圖解數學的神奇 （精） 柳 谷 晃 著 250 元
6. 圖解基因操作 （精） 海老原充 主編 230 元
7. 圖解後基因組 （精） 才園哲人 著

・法律專欄連載・大展編號 58

台大法學院 法律學系／策劃
法律服務社／編著

1. 別讓您的權利睡著了(1) 200 元
2. 別讓您的權利睡著了(2) 200 元

・武 術 特 輯・大展編號 10

1. 陳式太極拳入門 馮志強編著 180 元

2.	武式太極拳	郝少如編著	200 元
3.	練功十八法入門	蕭京凌編著	120 元
4.	教門長拳	蕭京凌編著	150 元
5.	跆拳道	蕭京凌編譯	180 元
6.	正傳合氣道	程曉鈴譯	200 元
7.	圖解雙節棍	陳銘遠著	150 元
8.	格鬥空手道	鄭旭旭編著	200 元
9.	實用跆拳道	陳國榮編著	200 元
10.	武術初學指南	李文英、解守德編著	250 元
11.	泰國拳	陳國榮著	180 元
12.	中國式摔跤	黃　斌編著	180 元
13.	太極劍入門	李德印編著	180 元
14.	太極拳運動	運動司編	250 元
15.	太極拳譜	清・王宗岳等著	280 元
16.	散手初學	冷　峰編著	200 元
17.	南拳	朱瑞琪編著	180 元
18.	吳式太極劍	王培生著	200 元
19.	太極拳健身與技擊	王培生著	250 元
20.	秘傳武當八卦掌	狄兆龍著	250 元
21.	太極拳論譚	沈　壽著	250 元
22.	陳式太極拳技擊法	馬　虹著	250 元
23.	二十四式 三十二式 太極 拳 劍	闞桂香著	180 元
24.	楊式秘傳 129 式太極長拳	張楚全著	280 元
25.	楊式太極拳架詳解	林炳堯著	280 元
26.	華佗五禽劍	劉時榮著	180 元
27.	太極拳基礎講座：基本功與簡化 24 式	李德印著	250 元
28.	武式太極拳精華	薛乃印著	200 元
29.	陳式太極拳拳理闡微	馬　虹著	350 元
30.	陳式太極拳體用全書	馬　虹著	400 元
31.	張三豐太極拳	陳占奎著	200 元
32.	中國太極推手	張　山主編	300 元
33.	48 式太極拳入門	門惠豐編著	220 元
34.	太極拳奇人奇功	嚴翰秀編著	250 元
35.	心意門秘籍	李新民編著	220 元
36.	三才門乾坤戊己功	王培生編著	220 元
37.	武式太極劍精華 +VCD	薛乃印編著	350 元
38.	楊式太極拳	傅鐘文演述	200 元
39.	陳式太極拳、劍 36 式	闞桂香編著	250 元
40.	正宗武式太極拳	薛乃印著	220 元
41.	杜元化＜太極拳正宗＞考析	王海洲等著	300 元
42.	＜珍貴版＞陳式太極拳	沈家楨著	280 元
43.	24 式太極拳＋VCD	中國國家體育總局著	350 元
44.	太極推手絕技	安在峰編著	250 元
45.	孫祿堂武學錄	孫祿堂著	300 元

46. <珍貴本>陳式太極拳精選　馮志強著　280 元
47. 武當趙保太極拳小架　鄭悟清傳授　250 元
48. 太極拳習練知識問答　邱丕相主編　220 元
49. 八法拳 八法槍　武世俊著　220 元

・彩色圖解太極武術・大展編號 102

1. 太極功夫扇　李德印編著　220 元
2. 武當太極劍　李德印編著　220 元
3. 楊式太極劍　李德印編著　220 元
4. 楊式太極刀　王志遠著　220 元

・名師出高徒・大展編號 111

1. 武術基本功與基本動作　劉玉萍編著　200 元
2. 長拳入門與精進　吳彬　等著　220 元
3. 劍術刀術入門與精進　楊柏龍等著　220 元
4. 棍術、槍術入門與精進　邱丕相編著　220 元
5. 南拳入門與精進　朱瑞琪編著　220 元
6. 散手入門與精進　張　山等著　220 元
7. 太極拳入門與精進　李德印編著　280 元
8. 太極推手入門與精進　田金龍編著　220 元

・實用武術技擊・大展編號 112

1. 實用自衛拳法　溫佐惠　著　250 元
2. 搏擊術精選　陳清山等著　220 元
3. 秘傳防身絕技　程崑彬　著　230 元
4. 振藩截拳道入門　陳琦平　著　220 元
5. 實用擒拿法　韓建中　著　220 元
6. 擒拿反擒拿 88 法　韓建中　著　250 元
7. 武當秘門技擊術入門篇　高　翔　著　250 元
8. 武當秘門技擊術絕技篇　高　翔　著　250 元

・中國武術規定套路・大展編號 113

1. 螳螂拳　中國武術系列　300 元
2. 劈掛拳　規定套路編寫組　300 元
3. 八極拳　國家體育總局　250 元

・中華傳統武術・大展編號 114

1. 中華古今兵械圖考　裴錫榮 主編　280 元
2. 武當劍　陳湘陵 編著　200 元

3. 梁派八卦掌（老八掌） 李子鳴 遺著 220 元
4. 少林 72 藝與武當 36 功 裴錫榮 主編 230 元
5. 三十六把擒拿 佐藤金兵衛 主編 200 元
6. 武當太極拳與盤手 20 法 裴錫榮 主編 220 元

·少林功夫· 大展編號 115

1. 少林打擂秘訣 德虔、素法 編著 300 元
2. 少林三大名拳 炮拳、大洪拳、六合拳 門惠豐 等著 200 元
3. 少林三絕 氣功、點穴、擒拿 德虔 編著 300 元
4. 少林怪兵器秘傳 素法 等著 250 元
5. 少林護身暗器秘傳 素法 等著 220 元
6. 少林金剛硬氣功 楊維 編著 250 元
7. 少林棍法大全 德虔、素法 編著

·原地太極拳系列· 大展編號 11

1. 原地綜合太極拳 24 式 胡啟賢創編 220 元
2. 原地活步太極拳 42 式 胡啟賢創編 200 元
3. 原地簡化太極拳 24 式 胡啟賢創編 200 元
4. 原地太極拳 12 式 胡啟賢創編 200 元
5. 原地青少年太極拳 22 式 胡啟賢創編 200 元

·道學文化· 大展編號 12

1. 道在養生：道教長壽術 郝勤 等著 250 元
2. 龍虎丹道：道教內丹術 郝勤 著 300 元
3. 天上人間：道教神仙譜系 黃德海著 250 元
4. 步罡踏斗：道教祭禮儀典 張澤洪著 250 元
5. 道醫窺秘：道教醫學康復術 王慶餘等著 250 元
6. 勸善成仙：道教生命倫理 李 剛著 250 元
7. 洞天福地：道教宮觀勝境 沙銘壽著 250 元
8. 青詞碧簫：道教文學藝術 楊光文等著 250 元
9. 沈博絕麗：道教格言精粹 朱耕發等著 250 元

·易學智慧· 大展編號 122

1. 易學與管理 余敦康主編 250 元
2. 易學與養生 劉長林等著 300 元
3. 易學與美學 劉綱紀等著 300 元
4. 易學與科技 董光壁著 280 元
5. 易學與建築 韓增祿著 280 元
6. 易學源流 鄭萬耕著 280 元
7. 易學的思維 傅雲龍等著 250 元

8. 周易與易圖　李　申著　250元
9. 中國佛教與周易　王仲堯著　元

・神　算　大　師・大展編號123

1. 劉伯溫神算兵法　應　涵編著　280元
2. 姜太公神算兵法　應　涵編著　280元
3. 鬼谷子神算兵法　應　涵編著　280元
4. 諸葛亮神算兵法　應　涵編著　280元

・秘傳占卜系列・大展編號14

1. 手相術　淺野八郎著　180元
2. 人相術　淺野八郎著　180元
3. 西洋占星術　淺野八郎著　180元
4. 中國神奇占卜　淺野八郎著　150元
5. 夢判斷　淺野八郎著　150元
6. 前世、來世占卜　淺野八郎著　150元
7. 法國式血型學　淺野八郎著　150元
8. 靈感、符咒學　淺野八郎著　150元
9. 紙牌占卜術　淺野八郎著　150元
10. ESP 超能力占卜　淺野八郎著　150元
11. 猶太數的秘術　淺野八郎著　150元
12. 新心理測驗　淺野八郎著　160元
13. 塔羅牌預言秘法　淺野八郎著　200元

・趣味心理講座・大展編號15

1. 性格測驗（1）　探索男與女　淺野八郎著　140元
2. 性格測驗（2）　透視人心奧秘　淺野八郎著　140元
3. 性格測驗（3）　發現陌生的自己　淺野八郎著　140元
4. 性格測驗（4）　發現你的真面目　淺野八郎著　140元
5. 性格測驗（5）　讓你們吃驚　淺野八郎著　140元
6. 性格測驗（6）　洞穿心理盲點　淺野八郎著　140元
7. 性格測驗（7）　探索對方心理　淺野八郎著　140元
8. 性格測驗（8）　由吃認識自己　淺野八郎著　160元
9. 性格測驗（9）　戀愛知多少　淺野八郎著　160元
10. 性格測驗（10）由裝扮瞭解人心　淺野八郎著　160元
11. 性格測驗（11）敲開內心玄機　淺野八郎著　140元
12. 性格測驗（12）透視你的未來　淺野八郎著　160元
13. 血型與你的一生　淺野八郎著　160元
14. 趣味推理遊戲　淺野八郎著　160元
15. 行為語言解析　淺野八郎著　160元

・婦幼天地・大展編號 16

1.	八萬人減肥成果	黃靜香譯	180 元
2.	三分鐘減肥體操	楊鴻儒譯	150 元
3.	窈窕淑女美髮秘訣	柯素娥譯	130 元
4.	使妳更迷人	成　玉譯	130 元
5.	女性的更年期	官舒妍編譯	160 元
6.	胎內育兒法	李玉瓊編譯	150 元
7.	早產兒袋鼠式護理	唐岱蘭譯	200 元
8.	初次懷孕與生產	婦幼天地編譯組	180 元
9.	初次育兒 12 個月	婦幼天地編譯組	180 元
10.	斷乳食與幼兒食	婦幼天地編譯組	180 元
11.	培養幼兒能力與性向	婦幼天地編譯組	180 元
12.	培養幼兒創造力的玩具與遊戲	婦幼天地編譯組	180 元
13.	幼兒的症狀與疾病	婦幼天地編譯組	180 元
14.	腿部苗條健美法	婦幼天地編譯組	180 元
15.	女性腰痛別忽視	婦幼天地編譯組	150 元
16.	舒展身心體操術	李玉瓊編譯	130 元
17.	三分鐘臉部體操	趙薇妮著	160 元
18.	生動的笑容表情術	趙薇妮著	160 元
19.	心曠神怡減肥法	川津祐介著	130 元
20.	內衣使妳更美麗	陳玄茹譯	130 元
21.	瑜伽美姿美容	黃靜香編著	180 元
22.	高雅女性裝扮學	陳珮玲譯	180 元
23.	蠶糞肌膚美顏法	梨秀子著	160 元
24.	認識妳的身體	李玉瓊譯	160 元
25.	產後恢復苗條體態	居理安・芙萊喬著	200 元
26.	正確護髮美容法	山崎伊久江著	180 元
27.	安琪拉美姿養生學	安琪拉蘭斯博瑞著	180 元
28.	女體性醫學剖析	增田豐著	220 元
29.	懷孕與生產剖析	岡部綾子著	180 元
30.	斷奶後的健康育兒	東城百合子著	220 元
31.	引出孩子幹勁的責罵藝術	多湖輝著	170 元
32.	培養孩子獨立的藝術	多湖輝著	170 元
33.	子宮肌瘤與卵巢囊腫	陳秀琳編著	180 元
34.	下半身減肥法	納他夏・史達賓著	180 元
35.	女性自然美容法	吳雅菁編著	180 元
36.	再也不發胖	池園悅太郎著	170 元
37.	生男生女控制術	中垣勝裕著	220 元
38.	使妳的肌膚更亮麗	楊　皓編著	170 元
39.	臉部輪廓變美	芝崎義夫著	180 元
40.	斑點、皺紋自己治療	高須克彌著	180 元
41.	面皰自己治療	伊藤雄康著	180 元

42. 隨心所欲瘦身冥想法　原久子著　180元
43. 胎兒革命　鈴木丈織著　180元
44. NS磁氣平衡法塑造窈窕奇蹟　古屋和江著　180元
45. 享瘦從腳開始　山田陽子著　180元
46. 小改變瘦4公斤　宮本裕子著　180元
47. 軟管減肥瘦身　高橋輝男著　180元
48. 海藻精神秘美容法　劉名揚編著　180元
49. 肌膚保養與脫毛　鈴木真理著　180元
50. 10天減肥3公斤　彤雲編輯組　180元
51. 穿出自己的品味　西村玲子著　280元
52. 小孩髮型設計　李芳黛譯　250元

·青　春　天　地·大展編號17

1. A血型與星座　柯素娥編譯　160元
2. B血型與星座　柯素娥編譯　160元
3. O血型與星座　柯素娥編譯　160元
4. AB血型與星座　柯素娥編譯　120元
5. 青春期性教室　呂貴嵐編譯　130元
7. 難解數學破題　宋釗宜編譯　130元
9. 小論文寫作秘訣　林顯茂編譯　120元
11. 中學生野外遊戲　熊谷康編著　120元
12. 恐怖極短篇　柯素娥編譯　130元
13. 恐怖夜話　小毛驢編譯　130元
14. 恐怖幽默短篇　小毛驢編譯　120元
15. 黑色幽默短篇　小毛驢編譯　120元
16. 靈異怪談　小毛驢編譯　130元
17. 錯覺遊戲　小毛驢編著　130元
18. 整人遊戲　小毛驢編著　150元
19. 有趣的超常識　柯素娥編譯　130元
20. 哦！原來如此　林慶旺編譯　130元
21. 趣味競賽100種　劉名揚編譯　120元
22. 數學謎題入門　宋釗宜編譯　150元
23. 數學謎題解析　宋釗宜編譯　150元
24. 透視男女心理　林慶旺編譯　120元
25. 少女情懷的自白　李桂蘭編譯　120元
26. 由兄弟姊妹看命運　李玉瓊編譯　130元
27. 趣味的科學魔術　林慶旺編譯　150元
28. 趣味的心理實驗室　李燕玲編譯　150元
29. 愛與性心理測驗　小毛驢編譯　130元
30. 刑案推理解謎　小毛驢編譯　180元
31. 偵探常識推理　小毛驢編譯　180元
32. 偵探常識解謎　小毛驢編譯　130元
33. 偵探推理遊戲　小毛驢編譯　180元

34. 趣味的超魔術	廖玉山編著	150 元
35. 趣味的珍奇發明	柯素娥編著	150 元
36. 登山用具與技巧	陳瑞菊編著	150 元
37. 性的漫談	蘇燕謀編著	180 元
38. 無的漫談	蘇燕謀編著	180 元
39. 黑色漫談	蘇燕謀編著	180 元
40. 白色漫談	蘇燕謀編著	180 元

・健　康　天　地・大展編號 18

1. 壓力的預防與治療	柯素娥編譯	130 元
2. 超科學氣的魔力	柯素娥編譯	130 元
3. 尿療法治病的神奇	中尾良一著	130 元
4. 鐵證如山的尿療法奇蹟	廖玉山譯	120 元
5. 一日斷食健康法	葉慈容編譯	150 元
6. 胃部強健法	陳炳崑譯	120 元
7. 癌症早期檢查法	廖松濤譯	160 元
8. 老人痴呆症防止法	柯素娥編譯	170 元
9. 松葉汁健康飲料	陳麗芬編譯	150 元
10. 揉肚臍健康法	永井秋夫著	150 元
11. 過勞死、猝死的預防	卓秀貞編譯	130 元
12. 高血壓治療與飲食	藤山順豐著	180 元
13. 老人看護指南	柯素娥編譯	150 元
14. 美容外科淺談	楊啟宏著	150 元
15. 美容外科新境界	楊啟宏著	150 元
16. 鹽是天然的醫生	西英司郎著	140 元
17. 年輕十歲不是夢	梁瑞麟譯	200 元
18. 茶料理治百病	桑野和民著	180 元
20. 杜仲茶養顏減肥法	西田博著	170 元
21. 蜂膠驚人療效	瀨長良三郎著	180 元
22. 蜂膠治百病	瀨長良三郎著	180 元
23. 醫藥與生活	鄭炳全著	180 元
24. 鈣長生寶典	落合敏著	180 元
25. 大蒜長生寶典	木下繁太郎著	160 元
26. 居家自我健康檢查	石川恭三著	160 元
27. 永恆的健康人生	李秀鈴譯	200 元
28. 大豆卵磷脂長生寶典	劉雪卿譯	150 元
29. 芳香療法	梁艾琳譯	160 元
30. 醋長生寶典	柯素娥譯	180 元
31. 從星座透視健康	席拉・吉蒂斯著	180 元
32. 愉悅自在保健學	野本二士夫著	160 元
33. 裸睡健康法	丸山淳士等著	160 元
34. 糖尿病預防與治療	藤山順豐著	180 元
35. 維他命長生寶典	菅原明子著	180 元

36. 維他命C新效果	鐘文訓編	150元
37. 手、腳病理按摩	堤芳朗著	160元
38. AIDS瞭解與預防	彼得塔歇爾著	180元
39. 甲殼質殼聚糖健康法	沈永嘉譯	160元
40. 神經痛預防與治療	木下真男著	160元
41. 室內身體鍛鍊法	陳炳崑編著	160元
42. 吃出健康藥膳	劉大器編著	180元
43. 自我指壓術	蘇燕謀編著	160元
44. 紅蘿蔔汁斷食療法	李玉瓊編著	150元
45. 洗心術健康秘法	竺翠萍編譯	170元
46. 枇杷葉健康療法	柯素娥編譯	180元
47. 抗衰血癒	楊啟宏著	180元
48. 與癌搏鬥記	逸見政孝著	180元
49. 冬蟲夏草長生寶典	高橋義博著	170元
50. 痔瘡・大腸疾病先端療法	宮島伸宜著	180元
51. 膠布治癒頑固慢性病	加瀨建造著	180元
52. 芝麻神奇健康法	小林貞作著	170元
53. 香煙能防止癡呆？	高田明和著	180元
54. 穀菜食治癌療法	佐藤成志著	180元
55. 貼藥健康法	松原英多著	180元
56. 克服癌症調和道呼吸法	帶津良一著	180元
57. B型肝炎預防與治療	野村喜重郎著	180元
58. 青春永駐養生導引術	早島正雄著	180元
59. 改變呼吸法創造健康	原久子著	180元
60. 荷爾蒙平衡養生秘訣	出村博著	180元
61. 水美肌健康法	井戶勝富著	170元
62. 認識食物掌握健康	廖梅珠編著	170元
63. 痛風劇痛消除法	鈴木吉彥著	180元
64. 酸莖菌驚人療效	上田明彥著	180元
65. 大豆卵磷脂治現代病	神津健一著	200元
66. 時辰療法—危險時刻凌晨4時	呂建強等著	180元
67. 自然治癒力提升法	帶津良一著	180元
68. 巧妙的氣保健法	藤平墨子著	180元
69. 治癒C型肝炎	熊田博光著	180元
70. 肝臟病預防與治療	劉名揚編著	180元
71. 腰痛平衡療法	荒井政信著	180元
72. 根治多汗症、狐臭	稻葉益巳著	220元
73. 40歲以後的骨質疏鬆症	沈永嘉譯	180元
74. 認識中藥	松下一成著	180元
75. 認識氣的科學	佐佐木茂美著	180元
76. 我戰勝了癌症	安田伸著	180元
77. 斑點是身心的危險信號	中野進著	180元
78. 艾波拉病毒大震撼	玉川重德著	180元
79. 重新還我黑髮	桑名隆一郎著	180元

80. 身體節律與健康	林博史著	180 元
81. 生薑治萬病	石原結實著	180 元
83. 木炭驚人的威力	大槻彰著	200 元
84. 認識活性氧	井土貴司著	180 元
85. 深海鮫治百病	廖玉山編著	180 元
86. 神奇的蜂王乳	井上丹治著	180 元
87. 卡拉 OK 健腦法	東潔著	180 元
88. 卡拉 OK 健康法	福田伴男著	180 元
89. 醫藥與生活	鄭炳全著	200 元
90. 洋蔥治百病	宮尾興平著	180 元
91. 年輕 10 歲快步健康法	石塚忠雄著	180 元
92. 石榴的驚人神效	岡本順子著	180 元
93. 飲料健康法	白鳥早奈英著	180 元
94. 健康棒體操	劉名揚編譯	180 元
95. 催眠健康法	蕭京凌編著	180 元
96. 鬱金（美王）治百病	水野修一著	180 元
97. 醫藥與生活	鄭炳全著	200 元

・實用女性學講座・大展編號 19

1. 解讀女性內心世界	島田一男著	150 元
2. 塑造成熟的女性	島田一男著	150 元
3. 女性整體裝扮學	黃靜香編著	180 元
4. 女性應對禮儀	黃靜香編著	180 元
5. 女性婚前必修	小野十傳著	200 元
6. 徹底瞭解女人	田口二州著	180 元
7. 拆穿女性謊言 88 招	島田一男著	200 元
8. 解讀女人心	島田一男著	200 元
9. 俘獲女性絕招	志賀貢著	200 元
10. 愛情的壓力解套	中村理英子著	200 元
11. 妳是人見人愛的女孩	廖松濤編著	200 元

・校園系列・大展編號 20

1. 讀書集中術	多湖輝著	180 元
2. 應考的訣竅	多湖輝著	150 元
3. 輕鬆讀書贏得聯考	多湖輝著	180 元
4. 讀書記憶秘訣	多湖輝著	180 元
5. 視力恢復！超速讀術	江錦雲譯	180 元
6. 讀書 36 計	黃柏松編著	180 元
7. 驚人的速讀術	鐘文訓編著	170 元
8. 學生課業輔導良方	多湖輝著	180 元
9. 超速讀超記憶法	廖松濤編著	180 元
10. 速算解題技巧	宋釗宜編著	200 元

11. 看圖學英文	陳炳崑編著	200 元
12. 讓孩子最喜歡數學	沈永嘉譯	180 元
13. 催眠記憶術	林碧清譯	180 元
14. 催眠速讀術	林碧清譯	180 元
15. 數學式思考學習法	劉淑錦譯	200 元
16. 考試憑要領	劉孝暉著	180 元
17. 事半功倍讀書法	王毅希著	200 元
18. 超金榜題名術	陳蒼杰譯	200 元
19. 靈活記憶術	林耀慶編著	180 元
20. 數學增強要領	江修楨編著	180 元
21. 使頭腦靈活的數學	逢澤明著	200 元
22. 難解數學破題	宋釗宜著	200 元

・實用心理學講座・大展編號 21

1. 拆穿欺騙伎倆	多湖輝著	140 元
2. 創造好構想	多湖輝著	140 元
3. 面對面心理術	多湖輝著	160 元
4. 偽裝心理術	多湖輝著	140 元
5. 透視人性弱點	多湖輝著	180 元
6. 自我表現術	多湖輝著	180 元
7. 不可思議的人性心理	多湖輝著	180 元
8. 催眠術入門	多湖輝著	150 元
9. 責罵部屬的藝術	多湖輝著	150 元
10. 精神力	多湖輝著	150 元
11. 厚黑說服術	多湖輝著	150 元
12. 集中力	多湖輝著	150 元
13. 構想力	多湖輝著	150 元
14. 深層心理術	多湖輝著	160 元
15. 深層語言術	多湖輝著	160 元
16. 深層說服術	多湖輝著	180 元
17. 掌握潛在心理	多湖輝著	160 元
18. 洞悉心理陷阱	多湖輝著	180 元
19. 解讀金錢心理	多湖輝著	180 元
20. 拆穿語言圈套	多湖輝著	180 元
21. 語言的內心玄機	多湖輝著	180 元
22. 積極力	多湖輝著	180 元

・超現實心靈講座・大展編號 22

1. 超意識覺醒法	詹蔚芬編譯	130 元
2. 護摩秘法與人生	劉名揚編譯	130 元
3. 秘法！超級仙術入門	陸明譯	150 元
4. 給地球人的訊息	柯素娥編著	150 元

5.	密教的神通力	劉名揚編著	130 元
6.	神秘奇妙的世界	平川陽一著	200 元
7.	地球文明的超革命	吳秋嬌譯	200 元
8.	力量石的秘密	吳秋嬌譯	180 元
9.	超能力的靈異世界	馬小莉譯	200 元
10.	逃離地球毀滅的命運	吳秋嬌譯	200 元
11.	宇宙與地球終結之謎	南山宏著	200 元
12.	驚世奇功揭秘	傅起鳳著	200 元
13.	啟發身心潛力心象訓練法	栗田昌裕著	180 元
14.	仙道術遁甲法	高藤聰一郎著	220 元
15.	神通力的秘密	中岡俊哉著	180 元
16.	仙人成仙術	高藤聰一郎著	200 元
17.	仙道符咒氣功法	高藤聰一郎著	220 元
18.	仙道風水術尋龍法	高藤聰一郎著	200 元
19.	仙道奇蹟超幻像	高藤聰一郎著	200 元
20.	仙道鍊金術房中法	高藤聰一郎著	200 元
21.	奇蹟超醫療治癒難病	深野一幸著	220 元
22.	揭開月球的神秘力量	超科學研究會	180 元
23.	西藏密教奧義	高藤聰一郎著	250 元
24.	改變你的夢術入門	高藤聰一郎著	250 元
25.	21 世紀拯救地球超技術	深野一幸著	250 元

・養　生　保　健・大展編號 23

1.	醫療養生氣功	黃孝寬著	250 元
2.	中國氣功圖譜	余功保著	250 元
3.	少林醫療氣功精粹	井玉蘭著	250 元
4.	龍形實用氣功	吳大才等著	220 元
5.	魚戲增視強身氣功	宮　嬰著	220 元
6.	嚴新氣功	前新培金著	250 元
7.	道家玄牝氣功	張　章著	200 元
8.	仙家秘傳袪病功	李遠國著	160 元
9.	少林十大健身功	秦慶豐著	180 元
10.	中國自控氣功	張明武著	250 元
11.	醫療防癌氣功	黃孝寬著	250 元
12.	醫療強身氣功	黃孝寬著	250 元
13.	醫療點穴氣功	黃孝寬著	250 元
14.	中國八卦如意功	趙維漢著	180 元
15.	正宗馬禮堂養氣功	馬禮堂著	420 元
16.	秘傳道家筋經內丹功	王慶餘著	300 元
17.	三元開慧功	辛桂林著	250 元
18.	防癌治癌新氣功	郭　林著	180 元
19.	禪定與佛家氣功修煉	劉天君著	200 元
20.	顛倒之術	梅自強著	360 元

21.	簡明氣功辭典	吳家駿編	360 元
22.	八卦三合功	張全亮著	230 元
23.	朱砂掌健身養生功	楊永著	250 元
24.	抗老功	陳九鶴著	230 元
25.	意氣按穴排濁自療法	黃啟運編著	250 元
26.	陳式太極拳養生功	陳正雷著	200 元
27.	健身祛病小功法	王培生著	200 元
28.	張式太極混元功	張春銘著	250 元
29.	中國璇密功	羅琴編著	250 元
30.	中國少林禪密功	齊飛龍著	200 元
31.	郭林新氣功	郭林新氣功研究所	400 元
32.	太極 八卦之源與健身養生	鄭志鴻等著	280 元

・社會人智囊・大展編號 24

1.	糾紛談判術	清水增三著	160 元
2.	創造關鍵術	淺野八郎著	150 元
3.	觀人術	淺野八郎著	200 元
4.	應急詭辯術	廖英迪編著	160 元
5.	天才家學習術	木原武一著	160 元
6.	貓型狗式鑑人術	淺野八郎著	180 元
7.	逆轉運掌握術	淺野八郎著	180 元
8.	人際圓融術	澀谷昌三著	160 元
9.	解讀人心術	淺野八郎著	180 元
10.	與上司水乳交融術	秋元隆司著	180 元
11.	男女心態定律	小田晉著	180 元
12.	幽默說話術	林振輝編著	200 元
13.	人能信賴幾分	淺野八郎著	180 元
14.	我一定能成功	李玉瓊譯	180 元
15.	獻給青年的嘉言	陳蒼杰譯	180 元
16.	知人、知面、知其心	林振輝編著	180 元
17.	塑造堅強的個性	坂上肇著	180 元
18.	為自己而活	佐藤綾子著	180 元
19.	未來十年與愉快生活有約	船井幸雄著	180 元
20.	超級銷售話術	杜秀卿譯	180 元
21.	感性培育術	黃靜香編著	180 元
22.	公司新鮮人的禮儀規範	蔡媛惠譯	180 元
23.	傑出職員鍛鍊術	佐佐木正著	180 元
24.	面談獲勝戰略	李芳黛譯	180 元
25.	金玉良言撼人心	森純大著	180 元
26.	男女幽默趣典	劉華亭編著	180 元
27.	機智說話術	劉華亭編著	180 元
28.	心理諮商室	柯素娥譯	180 元
29.	如何在公司崢嶸頭角	佐佐木正著	180 元

國家圖書館出版品預行編目資料

基因操作／海老原充主編，富永裕久、八色祐次著，
施聖茹譯　－初版－臺北市，品冠，民 92
面；21 公分－（熱門新知；6）
譯自：遺伝子操作
ISBN 957-468-235-8（精裝）
1.基因　2.遺傳工程　3.基因療法
363.019　92009995

基因操作

ISBN 957-468-235-8

監修著／海老原充
著　者／富永裕久、八色祐次
譯　者／施聖茹
發行人／蔡孟甫
出版者／品冠文化出版社
社　址／台北市北投區（石牌）致遠一路 2 段 12 巷 1 號
電　話／(02) 28233123・28236031・28236033
傳　真／(02) 28272069
郵政劃撥／19346241
網　址／www.dah-jaan.com.tw
E-mail／dah_jaan @pchome.com.tw
承印者／國順圖書印刷公司
裝　訂／源太裝訂實業有限公司
排版者／千兵企業有限公司
初版1刷／2003 年（民 92 年） 8 月

定　價／230 元